L'VSAGE DE
L'ASTROLABE
AVEC VN PETIT
TRAICTE' DE LA

Sphere, par Dominique
Iacquinot Champenois.

Corrigé esclarcy & augmenté en cette derniere Impreſſion ſuivant la reformation du
Calendrier par DAVID ROBERT
de S. Lo en baſſe Normandie,
faiſant profeſſion des Mathematiques à Paris.

*Plus eſt Adjouſte à la fin vne Amplification de
l'uſage de l'Aſtrolabe, par* IACQVES
BASSENTIN *Eſcoſſois.*

EN MOY LA VIE.

EN MOY LA MORT.

A PARIS,
En la Boutique de HIEROSME DE MARNEF,
Chez ANDRE' SITTART au Mont
S. Hylaire à l'Enseigne du Pelican.

A MESSIRE
PHILIPPES DE
MORNAY, CHEVALIER SEIGNEVR
du Plessis Marly, Baron de la Forest &
du Mesleran &c. Conseiller du Roy
tres Chrestien en ses Conseils d'Estat
& privé. Capitaine de cinquante hommes d'Armes de ses Ordonnances,
Gouverneur & Lieutenant General
pour sa Majesté en la Seneschaucee,
Ville & Chasteau de Saumur.

MONSEIGNEVR,

S'il est vray, comme ie le croy, qu'apres la Sacree Theologie il n'y a rien de plus asseuré que les Mathematiques, (qui pour la verité de leurs demonstrations sont surnommees divines) la cognoissance & iugement desquelles, n'appartient qu'aux esprits les plus espures, relevez & subtils:

Ie ne me feray trompé en l'opinion de vous donner vne piece de mes labeurs, laquelle eſt iugee excellente par pluſieurs & deſi-ree d'vn plus grand nombre. Ie la mets à vos pieds & ne crains point de la ſouſmet-tre à voſtre pierre de touche, laquelle nuee & naïve iuge veritablement de l'Or tel qu'il eſt. Ce qui m'a faict hazarder à ce preſent, Monſeigneur, eſt la candeur de voſtre ame: l'eſtime des Eſprits, choix & iugement que vous faites de tous: & prin-cipalement vn particulier teſmoignage d'vne particuliere affection que vous m'a-uez demontree. Ce petit livret n'eſt que la goutte d'eau preſentee à Darius, mais Dieu (par ſa grace) me fera naiſtre vn Plane d'Or, lequel ayant acquis par mes labeurs (comme j'eſpere, ſi Dieu me donne vie) il vous ſera conſacré d'auſſi franche volonté qu'avec toute humilité ie demeure

MONSEIGNEVR,

De Paris ce Ieudy 9. iour de Mars, 1617.

Voſtre tres-humble tres-obeyſ-ſant & fidelle ſerviteur.

DAVID ROBERT.

PREFACE AVX LECTEVRS,
Par DAVID ROBERT.

MESSIEVRS le traicté de l'Aftrolabe de Iacquinot eftant preft à eftre r'imprimé, j'ay efté prié par Môfieur Sittart (lequel a fuccedé à la bonne volonté de fes predeceffeurs envers vous)d'y mettre la main ce que i'ay faict fort volontiers afin de repurger ledit Livre de plufieurs fautes dont il eftoit remply. Outre cela ie l'ay efclarcy en plufieurs endroicts aufquels i'ay recogueu qu'en chopoit, & de fuperabondant, à caufe que ledit Livre fut premierement mis en lumiere avant la reformation du Calendrier faicte par le Pape Gregoire XIII. au mois d'Octobre l'an 1582. pour ceux de pres, & au mefme mois, l'an 1583. pour ceux de loing, & qu'a cefte reformation fut retranché dix iours, i'ay apporté d'autres exemples, d'autãt que ceux d'alors ce trouvoient par côfequent faux auiourd'huy que le Soleil entre en Aries le 20. de Mars, & alors il y entroit le 10. dudit mois. Toutesfois j'ay laiffé les exemples de l'Auteur afin que ledit Livre puiffe fervir tant aux lieux ou ladicte reformation n'a point de lieu que la ou elle eft obfervee. En quoy faifant j'eftime avoir contenté ledit Sittart & plufieurs lefquels i'ay eu l'honneur d'enfeigner qui ont efté vn preffant eguillon pour me faire entreprendre cét ouvrage. Ie diray plus c'eft qu'il

m'euſt eſté plus facile d'en faire vn purement
mien que de corriger les fautes d'autruy. Bien
eſt vray qu'il y en a pluſieurs qui doivent eſtre
atribuees au temps, les autres aux mauvais cor-
recteurs des diverſes impreſſions qui s'en ſont
faites depuis la mort de l'Auteur : Mais il y en a
d'autres qui me font dire que Iacquinot s'eſt
lourdement trompé ou que le texte eſt fort cor-
rompu, comme il eſt aiſé de voir és propoſitiõs
32. & 35. &c. ainſi que la lecture deſdits lieux &
des Annotatiõs le prouvent ſuffiſammét. Bien
eſt vray que le plus ſouvent les moins autori-
ſez ont plus de raiſon; & au contraire ceux qui
ſont honorez de la plus approuvee autorité,
s'eſgarent incorrigiblement en leurs diſcours.
En l'adjouſtement faict par Baſſentin en la figure miſe en la page 116. eſt gravé vn E en la cir-
conferéce d'icelle & il y doit avoir vne F. D'autant qu'il eſt bien difficile qu'il ne ſurvienne
quelque faute en l'impreſſion, i'en ay remarqué
quelques vnes (ſans m'arreſter à remarquer vn
C pour vne S & au contraire, ou quelqu'autre
petite faute legere) mais ſeulement celles qui
pourroient apporter quelque erreur leſquelles
faut corriger ainſi qui s'enſuit. Adieu.

LES CHAPITRES ET
PROPOSITIONS CONTENVES
en ce present Livre.

A iiij

Table

Table

Table

Table du II. Livre de l'Astrolabe.

de l'Astrolabe.

voftre habitation & quelqu'autre Region,
defquelles les Longitudes & Latitudes
font cogneuës. 122

LES DEMONSTRATIONS
pour la practique & vfage du Gnómon,
oû de l'efchelle Altimetre.

Fautes furuenuës à l'Impreffion.

Fueillet troifiefme page premiere ligne 18 lifez iours, au
mefme, page deuxiefme l 13 lifez l.quinoxes f.8 p. 1 lifez di-
ftants, & p. 2. l 8 lifez auons f 1. p 1.l 21.l pofant f.16. p 1.
l.derniere.l.font.f.17.p 2.l.4 l.Tropique f 18.p 1.l 2.l court.
f.17.p 2 l 26.lifez en. f 43 p 1 2.l ou. & p.2 l.4.l.refpond.
f 44 p.1 l 12 l.quelle f.46 p.1.l.3.l.adreffer là f.48 p.1 l.24.
l l'Horizon.f.50 p 1 l.12 l.pofition f. 51 p 2.l.2 l.diuifent f.52
p 1.l.24.l degré f 61 p.2.l.17 l.declinoit.f 61 p.2 l.15 l faut
f 65 p 1 l 3.l.prenent & l 6.l. Tholofe f.66.p.1.l derniere l.
difference f 69 p 2 l.18 l.auroit f 72.p.1.l.20 l d'ou f.77.p.
2 l premiere du titre de la propofition 38 lifez Defcenfion f 79
p 1 l 9.pour 20.mettés 17 f 101 p 2.l.2.l.la f 109.p. 2.l.24.
changés p. en F.

TRAITÉ DE LA SPHERE

MATERIELLE, CONTENANT
vne briefue & succincte declaration des cercles principaux
compris en icelle.

P OVRCE que l'Astrolabe est
nommé par aucuns, Planisphe-
re, d'autant qu'il a quelque com-
munauté auec les cercles de la
Sphere Materielle : Auant que traicter de
son vsage, il m'a semblé estre conuenable &
necessaire, de declarer & de mōstrer les cercles descrits en la superficie de ladite Sphere, ensemble la distinction de leurs noms
& parties. Afin d'auoir plus facile intelligence de ce qui sera dit en nostre Astrolabe.

a Faut doncques entendre que les cieux
ont deux mouuemens principaux : l'vn qui
se fait d'Occident par Midy en Orient, au
contraire du premier mobile, & comprent
en soy les mouuemens tant des Estoilles

A

fixes, que des sept Planettes : pource contient huict mouvemés differens, qui se font en diuerses espaces de téps : car le firmamét (selon Ptolomee) accomplit sa reuolution en trente six mille ans, qui est en cent ans vn degré. Et la Sphere de Saturne, qui est le plus prochain planette audit firmament, fait sa reuolution en trente ans, celle de Iupiter en douze ans, celle de Mars en deux, le Soleil, Vénus, & Mercure chacun en vn an. La Sphere de la Lune en vingt sept iours & huict heures.

L'autre mouvement qui est premier, simple & regulier, fait sa reuolution au cótraire du dessusdit, à sçauoir d'Orient par Midy, en Occident : lequel combien qu'il soit propre au premier mobile, neantmoins est commun par accidét à tous les orbes inferieurs, nonobstant leurs propres mouvemens, car ils sont conduits & reuoluez chacun iour naturel à l'entour du móde, comme apperceuons sensiblement par le cours du Soleil, de la Lune, & des autres Estoilles, lesquelles par iceluy leuent, & couchét, & se fait le iour & la nuict, tellement que ledit mouvement est vniuersel, & tourne toute la machine celeste sur deux poincts oppofites, qui à raifon de ce font dits les poles du monde. L'vn nommé Arctique, ou Ourfin, qui eft fitué en Septentrion, prés de la queuë de la petite Ourfe, duquel l'eftoile plus prochaine que nous voyons à l'endroict des deux dernieres eftoiles de la grande Ourfe, eft appellee communément l'eftoile du Pole: & par aucuns mariniers l'eftoile du North, diftant toutesfois d'iceluy Pole enuiron quatre degrez. L'autre Pole oppofite au deffufdit, eft nómé Antarctique, ou Auftral, autant deprimé fouz l'horizon vers les Antipodes, cóme le noftre eft eleué deffus. Prés lequel l'on voit vne eftoile de grande lumiere & clarté, nommee Canopus. Entre iceux Poles la ligne eftenduë de l'vn à l'autre, paffant par le centre de la terre, eft appellee l'Axe du monde.

a *Ptolomee qui viuoit l'an de falut 150. tenoit bien ce que dit icy noftre Auteur, mais comme luy s'appuyant fur les obferuations des Aftronomes qui l'auoyent precedé, comme fur les obferuations de Hyparque & de Menelaus, fondees fur celles d'Ariftille & de Timochare, a confeffè le neufiefme Ciel, à caufe du double mouvement qu'il recognut au Ciel des Eftoiles fixes ou firmamét,*

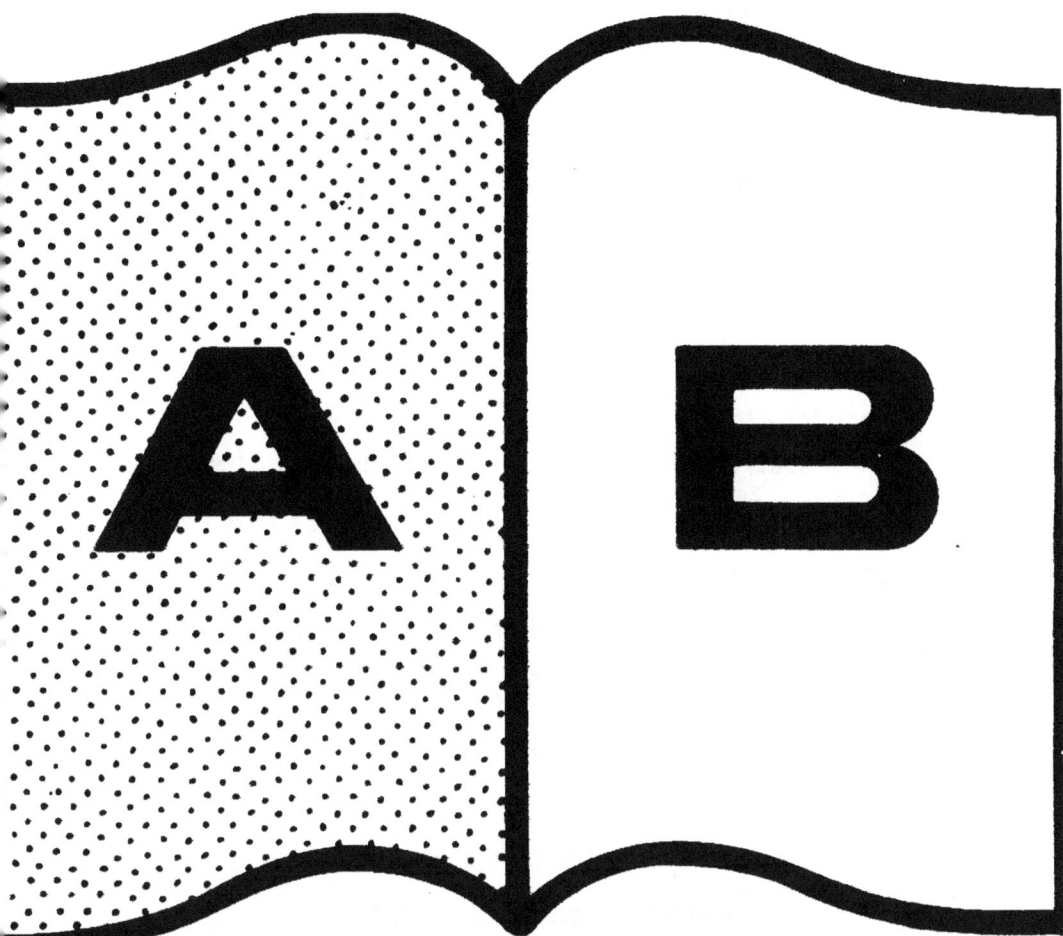

Contraste insuffisant

DECLARATION

de mesme ceux qui l'ont suyui, appuyez, & sur ses
observations & plusieurs autres, ayant recogneu
en ces Estoiles fixes vn triple mouvement, en ont
confessé vn dixiesme mobile: ce qui fait qu'auiour-
d'huy on considere trois mouvemens principaux:
dont l'vn est pour le dixiesme Ciel, ou premier mobile, qui est d'Orient par Midy en Occident, reue-
nant en Orient, en l'espace de 24. heures à cause
dequoy il est appellé Ciel rapide, pour la vitesse de
son mouvement; l'autre est pour le neufiesme Ciel
qu'on appelle Crystalin, & parfaict son mouvement d'Occidèt par le Midy en Orient en 49000
ans; Et pour le troisiesme est le mouuement du
Firmamèt, qui se fait sur les points Equinoctiaux,
& est vn mouvement de branlement, autrement
mouvement d'approchement & de reculement,
d'autant que par ce mouvement, chaque poinct de
ce Ciel est en vn temps plus prés, & en autre plus
loin des quatre poincts Cardinaux qui sont Orièt,
Occident, Midy & Septentrion, & se parfait en
7000 ans. Et a esté premierement recogneu par
Thebit, & suyui par Alphonse de Castille, & par
toute cette celebre assemblee tenuë par luy à Tole-
de, à cause dequoy quelques vns appellent ce mouvement, mouvement d'Alphonse. Il y a dont trois
principaux mouvemens, ainsi qu'il a esté dit l'vn
du premier Mobile, qui se faict en 24. heures,

emportant quad & soy toutes les Spheres ou orbes inferieurs, quoy que chacun s'efforce au contraire; L'autre du Ciel Cryſtalin, qui va au contraire, & se parfait en 49000 ans, emportant
semblablement les orbes inferieurs quand & soy;
Et le troiſieſme qui eſt du Firmament, qui se parfait en 7000 ans, fait que les Eſtoilles fixes font
en pareil temps chacune vn petit cercle, & empor-
te auſſi les orbes Platetaires selon son mouvement,
leſquels orbes font sept en nombre, qui accompliſ-
fent leurs mouvements en diuers temps, ainſi qu'il
se peut voir au texte; combien que ceux qui calcu-
lent plus exactemēt leurs mouvemēts, apportent
en quelques vns quelque peu de diuerſité comme
Saturne, qui parfait son mouvement en 29 ans
155. iours Iupiter, en 11. ans 316. iours; Mars, en
vn an 321. iour. Quand eſt du mouvement du
Soleil, Venus, & Mercure, il eſt vray qu'il
se parfait en vn an, mais de ſçauoir combien
cet an contient de iours, d'heures, & de minutes, nous en dirons cy apres autant qu'il ſera de
beſoin pour noſtre ſubjet; Pour le mouvement de
la Lune, noſtre Auteur nous le marque icy de
27 iours & huict heures, mais il n'y a que 27. iours
7. heures 43. minuttes, selon la plus fauoriſee opinion, & tel mouuemēt s'appelle periodique: car son
mouuemēt Synodicque (qui eſt de nouuelle en nou-

A iij

velle Lune) eſt de 29 iours & demy, & c'eſt ce qu'ō
appelle le mois Lunaire; au precedēt mois la Lune ne
fait que douze ſignes, mais en cetui-cy elle en paſſe
treize; outre il y a le mois d'illumination ou mois
Eſclairant, qui eſt depuis le iour qu'on la void naiſtre, qui eſt au Croiſſant, iuſqu'à ce qu'elle ſoit en-
tierement diſparuë, qui eſt au Decours.

Puis faut conceuoir vn Cercle equidi-
ſtant de ces deux poles, tout au milieu des
Cieux, qui les diuiſera iuſtement en deux
hemiſpheres, qui eſt le Cercle deſcrit du
Soleil; quād il entre aux equinoctes, à ſçauoir és premiers poincts d'Aries, & de Libra, de l'eclyptique du premier mobile,
qui ſera appellé Cercle b Equinoctial,
ou Equateur.

D'auantage, eſt à conſiderer que des hō-
mes les vns habitent ſouz ledit Equinoctial, & les autres çà & là, tant vers la partie
Septentrionale, qu'en l'Auſtrale. Toutesfois en quelque partie qu'ils habitent, ils
voyent touſiours la moitié du ciel diuiſee
tout à l'entour de la terre, par vn cercle appellé Horizon, ou Terminateur de la veuë,
dont la partie d'enhaut que nous voyons
eſt nommee Hemiſphere ſuperieur, & l'autre d'embas inferieur, vers les Antipodes.

b *Equinoctial, ce cercle est ainsi nommé à cause
que le Soleil estant paruenu souz iceluy, qui est le
20. de Mars, & le 22. de Septembre, & empor-
té par le premier mobile, fait deux iours chacun de 12. heures, & leurs nuicts semblablement d'autant, par tout le monde vniuersel, si
l'on ne fait quelque exception pour les lieux qui
ont la Sphere Parallele, dont il sera parlé ailleurs.
D'abondant, ceux qui habitent souz ce cercle ont
Equinoxe perpetuel, c'est à dire, qu'à tels le Soleil
se leue tousiours à six heures, & se couche à six
heures.*

c En deux differences se trouue ledit
horizon, sçauoir est le droict & oblique.
Le droict pour ceux qui demeurent souz
l'Equinoctial : & l'Oblique pour ceux qui
habitent les parties Septentrionale, ou Australe : ausquels lieux sera l'vn des poles
tousiours eleué sur nostre horizon : & l'autre en semblable depression à l'opposite.
Icelles eleuations, ou depressions s'aug-
mentent, ou diminuent selon la diuerse distance des regions à l'Equinoctial, souz lequel n'y a aucune latitude, ne eleuation de
pole.

c *Nostre Auteur dit que l'Horizon se trouue en deux differences, mais il faut dire en trois.*

Car outre le Droict & l'Oblique dont il parle, il y a
auſſi le Parallele, qui eſt pour ceux qui ont vn
pole pour Zenith, & l'autre pour Nadirh, auſquels lieux l'Horizon & l'Equinoctial ne ſe
coupent point, & par ainſi ne font nuls angles, &
pourtant telle ſituation de Sphere n'eſt ny droicte
ny oblique : Car ceux qui ont la Sphere droicte &
par conſequent l'Horiſon droict, ſont ceux qui
habitent ſouz l'Equinoctial, à cauſe qu'en tel lieu
l'Equinoctial & l'Horizon ſe coupent en angles
egaux, qu'on appelle en Geometrie, angles droicts,
& pourtant ceux qui habitent en ce lieu ſont dits
auoir la Sphere droicte & l'Horizon droict. Mais
à ceux qui habitent entre l'Equinoctial, & l'vn
& l'autre pole, leur Horizon & l'Equinoctial
s'entrecoupent en Angles inegaux, qu'on appelle
en Geometrie Angles Obliques; & pourtant
ceux qui habitent en tels lieux, (qui eſt à vray dire preſque toute la terre) ſont dits auoir, la Spe-
re Oblique & l'Horizon Oblique. Quand eſt de
l'Horizon parallele & Sphere parallele, c'eſt pour
les lieux ſituez directement ſouz l'vn ou l'autre
pole, & la raiſon pour laquelle en ces lieux là on
appelle leur diſpoſition de Sphere, Sphere parallele,
& Horizon Parallele, c'eſt d'autant qu'en tels
lieux l'Equinoctial & l'Horizon ne font nuls angles, d'autant que ces deux cercles occupent vn

mesme lieu. Or en la Sphere Materielle on remarque cinq Cercles qu'on appelle Cercles Parallels, qui sont l'Equinoctial, les deux Tropicques, & les deux Cercles Polaires, les quatre derniers marquent au Ciel & en Terre les cinq Zones, & partant l'Horizon, des lieux situez souz les poles du monde, lequel se conjoint à l'Equinoctial, peut estre à bon droict appellé Horizon Parallele, & par consequent Sphere Parallele.

En aprés le cercle passant par les Poles du monde, & le Zenith (qui est le poinct vertical au Ciel, situé directement sur nostre teste) sera le Cercle meridien, qui en deux lieux opposites entrecroise l'Horizon iustement à droicts Angles, & est dict meridien, à cause qu'il diuise chacun des Hemispheres en deux parties, duquel la partie d'enhaut diuise le iour en deux egalement, ainsi que celle d'embas diuise la nuict.

Puis est le Zodiacque contenant les douze signes du Ciel, à sçauoir, Aries, Taurus, Gemini, Cancer, Leo, Virgo, Libra, Scorpius, Sagittarius, Capricornus, Aquarius, Pisces. Et chacun d'iceux est diuisé en trente degrez, supposé qu'vn degré n'est autre qu'vne partie egale de trois cens soixante,

que contient toute l'Ecliptique, estant diuisee par tel nombre comme sont *d* communément tous autres cercles. Lesquels
degrez se peuvent diuiser en soixante minutes,& autres fractions astronomicques.
Souz iceluy Zodiacque se meuvent le Soleil, & les autres planetes continuellemēt
au contraire du premier mobile Et celuy
Zodiacque est couppé de l'Equinoctial en
deux lieux : sçauoir est au commencement
d'Aries & de Libra, où est faicte l'equation
du iour à la nuict par l'vniuersel monde,
dont la moitié declinant dudit Equinoctial
vers Septentrion, contenant les six premiers signes, est dicte Septētrionale. L'autre tendant du costé de midy Australe : le-
lequel selon les anciens Autheurs, a douze
degrez de latitude, & selon les Modernes
en contient 16. La dicte latitude est diuisee
en deux egales parties par vn cercle que
descrit le Soleil en 365. iours, six heures. Iceluy cercle est nómé la voye du Soleil : autrement l'Eclyptique, souz laquelle
se font les Eclypses du Soleil, & de la Lune : & touche par deux poincts opposites,
les deux Tropicques du Cancer, & du Capricorne. Iceux Tropicques sont Cercles

defcrits au ciel, par le mouuement iournel du Soleil, quand il entre au premier du
Capricorne, où fe faict le commencement
de noftre hyuer : ou au premier du Cancer, qui eft le commencement d'Efté, defquelles chofes s'enfuit la figure.　page 7.

d　Icy eft à noter que combien que tous les
Cercles de la Sphere fe diuifent chacũ en 360. parties egales, que les parties des cercles parallels bien
qu'egales entr'elles, ne font pas pourtant egales à
celles du parallele Equinoctial, & la raifon eft
que d'autant plus qu'vn cercle parallele à l'Equinoctial, eft proche des poles du monde, d'autant
moindre eft-il : Mais pour les Cercles Meridiens,
les degrez en font tous egaux entr'eux, & auffi
egaux aux degrez de l'Equinoctial ce qui demeure, auffi vray pour tous les grands Cercles. Le texte porte que chafque degré eft diuifé en foixante,
parties, qu'on appelle minutes, & autres fractiõs
c'eft à dire, que chafque minutte eft diuifee en autre foixante parties qu'on appelle Secondes, &
chafque feconde eft mife en foixante, qu'on appelle Tierces, & ainfi en continuant iufques à dix.

e　Noftre Auteur pofe icy que le Soleil fait fõ
tour en 365. iours & fix heures, que fi cela eftoit
veritable, il n'euft point efté befoin de reformer
le Calendrier, ainfi il y a du manque au temps cy

deſſus marqué, lequel on trouue eſtre d'enuiron
vnze minutes, qui font en l'eſpace de 135. ans vn
iour : Que ſi lors que Ceſar regla le cours du Soleil
de 365. iours & ſix heures, deſquelles de quatre en
quatre ans on fait vn iour, il euſt remarqué qu'-
il y auoit vnze minutes à dire, qui font, comme
j'ay dit, vn iour & 45. minutes en l'eſpace de
135. ans, & que tout ainſi que des ſix heures il
en fiſt de quatre en quatre ans, compoſer vn iour,
(ce qui ſe pratique encore auiourd'huy) & ainſi
de quatre en quatre ans il y a vn an de 366. iours,
qu'on appelle annee de Biſſexte, s'il euſt à raiſon des
vnze minutes, fait laiſſer de 135. en 135. ans vne
annee ſans mettre ce iour ſouz le nom d'exemptil-
le, l'occaſion (au moins apparente) de la reformation du Calendrier n'euſt point eſté. Mais d'autant
que cela ne s'eſt pratiqué, le Pape Gregoire XIII.
l'an 1583. reforma le Calendrier, & au lieu qu'en
ce temps là, l'Equinoxe du Printemps ſe trouuoit
eſtre le dixieſme iour de Mars, il ordonna qu'au
lieu de dix on diſt 20. afin que ledit Equinoxe fuſt
au meſme iour du mois, qu'il eſtoit du temps du
grand Concile de Nice, qui eſtoit le vintieſme de
Mars.

Conſequemmènt ſont deux autres Cercles, à ſçauoir l'Arctique, qui eſt deſcrit du
Pole du Zodiaque à l'entour, & enuiron le
pole du monde, diſtāt d'iceluy vingt-trois
degrez & demy. Et l'Antarctique qui eſt
figuré tout à l'oppoſite en pareille diſtance
de ſon pole. Et conuient entendre que les
Coſmographes appellent les quatre Cercles deſſuſdits, enſemble l'Equinoctial, paralleles, leſquels auec les deux poles du
monde, diſtinguent toute la ſuperficie de
la terre en cinq regions, qu'on appelle Zones, dont les trois ſont intèperees, ſçauoir les deux extrémès deuers les poles,

pour la grande froidure de la lointaine re-
motion du Soleil : mais les deux autres en-
closes de la chaude, & des deux froides
sont temperees, pour la participation de
l'vne & de l'autre qualité contraire d'icelles trois Zones, desquelles nous en habitons l'vne, & l'autre les g Antipodes.

f *Ceux qui habitent entre les deux Tropiques,*
qui est la Zone Torride chaude ou brulante, sont
appellez Amphiscij *seu biumbres*, *du mot*
Grec αμφίςκιοι *i. vtrinque vmbram habens,*
d'autant qu'à midy leur ombre va quelquefois
vers vn Pole, & quelquefois vers l'autre, &
deux fois l'an à Midy, ils n'ōt point d'ombre à cau-
se que le Soleil est à leur Zenith, & pour ceste
cause sont appellez Ascij, *du mot Grec* Α'ςκιος, *i.*
vmbra carens vel anumbres, *d'autant que les*
raions du Soleil tombant sur les corps inferieurs
perpendiculairement l'ombre d'iceux se pert dans
leur pied, & tels ont l'eleuation du Pole moindre
que 24. degrez.

Ceux qui habitent dans les Zones Temperees,
lesquelles sont comprises entre les deux Tropiques,
& les deux Cercles Poleres, sont appellez Hete-
roscij, *du mot Grec* ἑτερόςκιοι, *i.* Alterutrum-
bres, *c'est à dire qui ont l'vn ou l'autre ombre, d'au-*
tant qu'à ceux qui habitent en la Zone Temperee

Septentrionale, n'ont iamais à midy que l'ombre
Septemtrional, & au contraire ceux qui habite
tent en la Zone Temperee Australe, n'ont iamais à midy que l'ombre Austral: & tels habitent entre les 24. & 66. degrez d'eleuation de
Pole.

Ceux qui habitent aux Zones Froides sont appellez Perisci, du Grec, περίσκιοι, i circum-
bres, c'est à dire ayant l'ombre tout à l'entour, &
tels habitent depuis les 66. degrez d'eleuation iusques au Pole, & ont partie de la ligne Eclyptique,
sur leur Horizon, (les vns plus, les vns moins)
& partant quand le Soleil est en celle partie qui est
sur leur Horizon, ils ont l'ombre tout à l'entour
du cercle.

g   Il y a aussi en ce lieu à considerer outre les
Antipodes, les Antoeces & les Peroeces. Les
Antipodes, que les Grecs appellent Αντίχθονες
sont ceux qui marchent contre nos pieds, & habitent souz vn mesme meridien que nous, mais qui
nous sont diametrallement opposez, & par consequent le zenith des vns est le Nadirh des autres;
d'où il s'ensuit aussi que quand les vns ont midy,
les autres ont minuict. Les Antipodes donc habitent souz diuers demi Cercles d'vn mesme meridien, & souz paralleles egalement distant, des 4.
poincts Cardinaux cy dessus marquez. Tout ain-

ſi que nos *Antipodes* ont midy quand nous auons
minuiɛt, *&* au contraire auſſi leur iour eſt eſgal à
noſtre nuiɛt, *&* au contraire: Semblablement
quand nous auons l'*Hyuer*, ils ont l'*Eſté* *&* au
contraire. Or nous qui habitons en la Zone Temperée Septentrionale à l'eleuation de 48. degrez
40. minutes, nous auons nos *Antipodes* en la
zone Temperée Meridionalle en meſme eleuation
du Pole *Antarɛtique*, mais pour la longitude ils
l'ont plus grande que nous de la moitié du Cercle,
& partant puis que *Paris* a 23. degrez *&* demy
de longitude, nos *Antipodes* en auront 203.
& demy, *&*c.

   Les *Antœces* habitent auſſi ſouz meſme meridien, mais ſouz diuers paralleles, dont l'vn eſt en
la partie Septentrionale, *&* l'autre en la Meridionale, egalement eſtoignez de l'Equinoɛtial,
& ſont ainſi appellez du Grec Ἄντοικος, i. ex-
aduerſo habitans vel Anticolæ, quelques vns
les appellent auſſi Ἄντωμοι, i. humeris ſibi in-
uicē oppoſiti; *&* tels ont midy en meſme temps
que nous, mais leur iour eſt egal à noſtre nuiɛt *&*
au contraire, ainſi que noz *Antipodes*, tellement
que nous n'auons iamais egalité de iour qu'en l'E-
quinoxe. Semblablement nos ſaiſons ſont diuerſes, *&*c.

   Les *Peroeces* habitent bien ſouz meſme meridien

ridien que nous : mais aussi sous mesme Parallele
& par consequent en mesme Zone, & mesme Cli-
mat; & sôt ainsi appellés du Grec περιοικος i: cir-
cumcolæ. Les Peræces sont esloignes les vns
des autres, d'vn demy Parallele, c'est a dire de 180.
degrez, & partant nos Antœces & nos Antipodes sont entr'eux, Peræces semblablement, les
Antipodes de nos Antœces, sont nos Peræces,
ainsi nous auons legalité des iours perpetuellement
auec nos Peræces, & aussi les saisons communes, &c.

Figure des cinq Zones.

A.

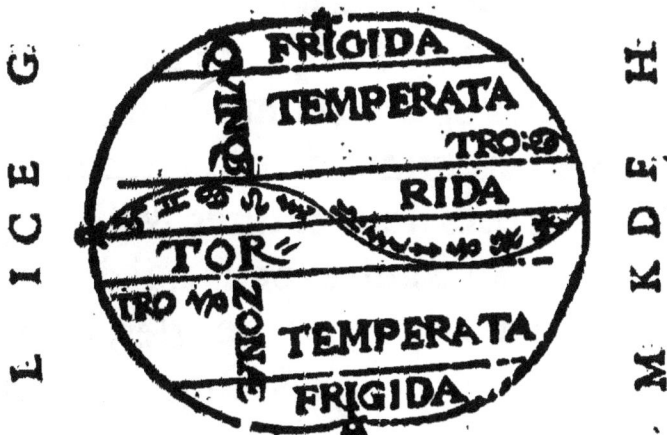

B.

A   Le pole Arctique.
B   L'Antarctique.
G m Les poles du zodiacque.
C D L'equateur.

EF Le tropicque du Cancer.

IK Le tropicque du Capricorne.

GH Le cercle arctique.

L m L'Antarctique.

Finablement sont descrits en la Sphere deux cercles nómez *h* Colures, qui ne sót mis en l'Astrolabe, & ne seruét en la Sphere, sinon pour solider les parties d'icelle : neantmoins distinguent au Zodiaque ses quatre poincts Cardinaulx : à sçauoir les deux Equinoxes auecques l'vn & l'autre Solstice.

Somme qu'en toute la Sphere sót trouuez *i* vnze Cercles, à sçauoir sept gráds qui diuisent toufiours la Sphere par le cêtre en deux parties egales, comme est l'Equinoctial, Le cercle meridien, l'Orizon droict & oblique, Les deux colures, & l'Eclypticque. Et quatre autres petis qui diuisent le monde en deux parties inegales, cóme sót les deux tropiques, l'Arctique & Antarctique dessusdicts.

h Les Colures dit nostre texte, ne seruent que pour solider les parties d'icelle ; c'est l'opinion de nostre Auteur, & de quelques autres auec luy : mais à la verité qui considerera bien leurs offices parlera autrement, car outre les 4. poincts Car-

dinaux que noſtre Auteur dit qu'ils diſtinguent (qui ſont autres que ceux que nous auons nommez cy deſſus, mais les vns & les autres ſont ainſi appellés, ceux-là en la Geographie, & ceux-cy en l'Aſtronomie) ils ont pluſieurs autres offices qui les rendent abſolument neceſſaires, non ſeulemẽt en la Sphere materielle, mais meſme en la Celeſte, car ſur eux on remarque les plus grandes declinaiſons du Soleil, ils marquent les ſignes montans & deſcendans, &c. Ce petit abregé ne me permet d'eſtre long, c'eſt pourquoy nous remettrons ce diſcours en quelque autre lieu plus à propos, qui ſera Dieu aidãt ſur la Sphere entiere, & ſera l'occupation de mon premier loiſir.

1 Noſtre Auteur nous faict icy mention de vnze cercles en la Sphere poſant l'Horizõ droict & l'Horizon oblique pour deux, ce qui me faict dire que s'il euſt recogneu l'Horizon parallele, il en euſt marqué 12. mais il faut ſçauoir que tous ces diuers Horizons ne ſont pris que pour vn, & d'abondant ie d'iray qu'il y a pluſieurs Horizons droicts & pluſieurs obliques, comme auſſi il y a pluſieurs meridiens. D'auantage il faut icy remarquer, que noſtre Auteur meſme nomme la ligne Ecclyptique (ou le chemin du Soleil) à part, puis le zodiaque à part, comme ſi c'eſtoient deux: mais la ligne Ecclyptique n'eſt que partie du zodiaque.

DECLARATION

K En fin reſte ce grand cercle nommé,
apres les Grecs, Zodiac, deſcrit à part en
vne table mobile, auec vn certain nombre
d'eſtoilles fixes pour monſtrer le cours &
mouvement iournel du firmament, & pluſieurs autres beaux vſages deſquels parlerons cy apres.

K *Ce qui eſt dit icy du Zodiaque, appartient*
proprement au lieu ou ſera parlé de l'araigne d'i-
celuy. Zodiaque vaut autant à dire, que cercle de
vie, d'autant queſelon le mouvement des Planet-
tes, ſous ce Cercle; les choſes inferieures ont vie.
Autrement il eſt ainſi appellé à cauſe des 12. ſi-
gnes eſquels il eſt diuiſé, ainſi qu'il eſt dit en la pa-
ge cinquieſme.

Les Cercle de la Sphere.

AVTRE TRAICTE DE

l'Aſtrolabe, ou eſt contenu l'vſage & vti-
lité d'iceluy, auec declaratiõ de ſes parties.

A PRES auoir declaré ſuccin-
ctemēt la sphere materielle,
cõuient expoſer les noms &
parties cõtenues en l'Aſtrо-
labe: pour plus facilemēt en
tēdre l'vſage d'iceluy. Et ſuiuant la doctrine des bons Auteurs, commencerons à la
deffinition.

L'Aſtrolabe eſt vn inſtrument plat &
rõd, compoſé de pluſieurs lignes tãt droictes que circulaires: pour cognoiſtre & exa
miner les mouuemens des cieux, eſtoiles,
& autres choſes appartenantes a la ſcience
d'Aſtrologié & Geometrie, appellé d'aucũs
(mais abuſiuemēt) Planiſphere, c'eſt à dire
la ſphere ſolide, miſe & eſtenduë en platte
forme. Et eſt deriué de ce nõ Grec Aſtron,
dit en François, aſtre ou eſtoille, & labion,
qui ſignifie anſe ou poignee, quaſi l'anſe
des aſtres: car en tenant ceſtuy organe par
ſon anſe, nous obſeruons les mouuemens

des aftres,& dimenfions des corps. Ou autrement eft deriué du verbe. Grec Lanua-
nin, qui fignifie comprendre, acaufe que
par luy nous examinons& cognoiffôs les
mouuemens des cieux, & autres obferuations aftronomiques.

L'inuentiô d'iceluy les vns l'ont attri-
buée à Mefahalach, les autres à Ptolomee,
combien que long têps au parauant auoit
efté inuenté d'Abraham, ou d'vn nomme
Lab, dôt quelques vns ont voulu deriuer
ce nom Aftrolabe, comme du premier
Auteur.

Afin doncques d'auoir plus ample & facile intelligence dudit Aftrolabe, nous de-
clarerons maintenant les noms & parties
contenues en iceluy.

l'*Armille.*

Premierement y a l'armille ou anneau auec l'anfe, par lefquels pendons l'Aftrolabe pour prendre les hauteurs du Soleil, eftoilles, & autres obferuations.

Apres eft l'Aftrolabe en figure platte & ronde (comme auons dict) lequel à deux faces ou fuperficies, à fçauoir l'interieure, autremét dicte la mere, à caufe qu'elle peut contenir en fa concauité plufieurs tables, feruantes à diuerfes eleuations de pole fur l'Horizon, de laquelle parlerons cy apres.

Et la pofterieure, appellee le dos de laquelle s'enfuit la declaratió. En icelle font plufieurs lignes & cercles, dont les premieres qui fót pres de la marge cótiennét les degrez d'altitude, lefquels ont deux offices, car en les referát aux nombres efcrits pres l'extremité de l'inftrument, dót le nóbre n'excede 90. degrez, reprefentét les degrez des hauteurs, pour fçauoir cóbien le Soleil ou eftoilles font eleuées fur noftre Horizó; & autres cómoditez. Mais ê les adreffát aux nóbres defcrits au deffous, qui procedent de 30. en 30. denotét les degrez des 12, fignes du zodiaque ou ils font defcrits auec leurs nós & caracteres, pour trouuer le vray lieu du Soleil vn chacun iour.

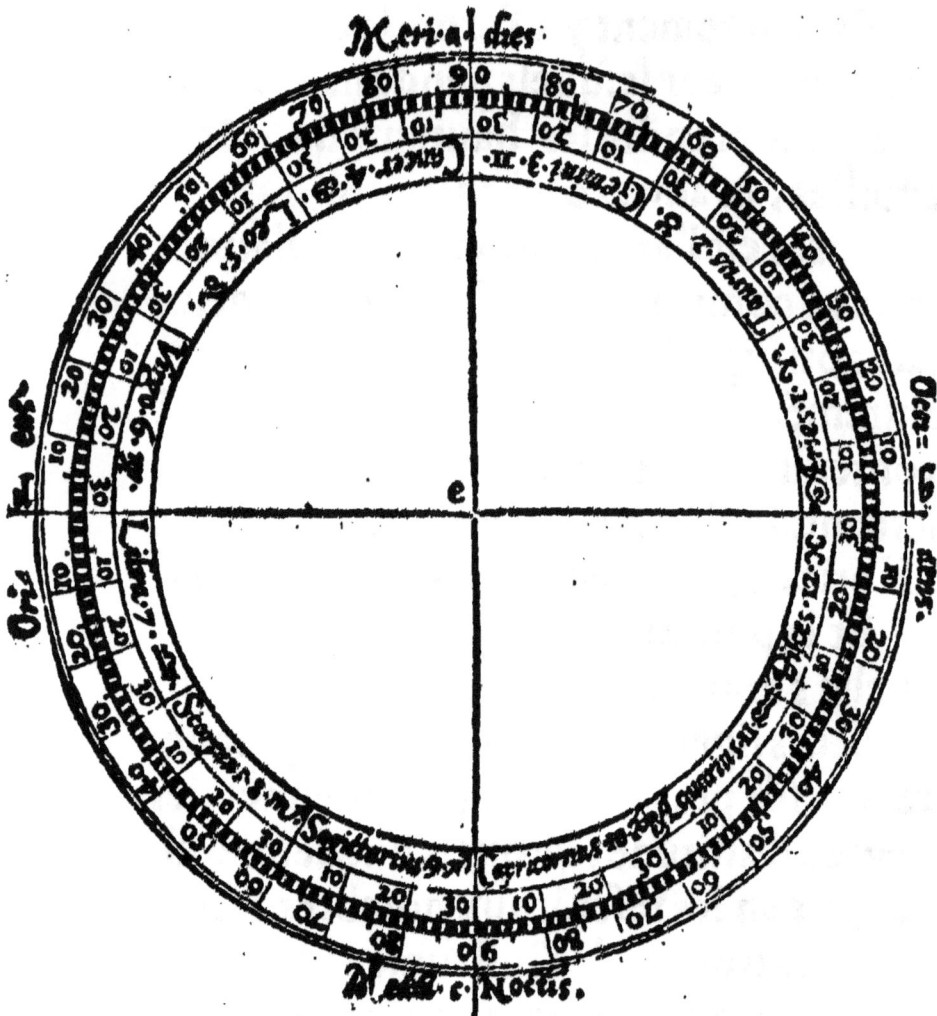

En apres viénent d'autres cercles, ou ſót
deſcrits les douze mois de l'ã, reſpõdãs aux
douze ſignes du zodiaque, & leurs iours
diuiſez chacun à part ſoy, ou de deux en
deux, auec leurs nombres, ou de 5. en
5. ou de 10. en 10. ne paſſant neãtmoins 31.
iours, qui eſt la quãtité du plus grãd mois,
ſelon la ſupputatiõ Romaine, par leſquels

on cognoist chacun iour en quel degré &
ſigne du zodiaque eſt le *l* Soleil.

Conſequemment ſont deux lignes diametrales, leſquelles s'entrecoupent au cêtre de l'Aſtrolable par angles droicts:l'vne
appellée la ligne de Midy, qui deſcend de
l'anneau par ledit centre en bas,l'autre cō-
mençant en Orient par le centre tendant
en Occident , qui nous repreſente l'Horizon vniuerſellement:aux extremitez de
laquelle cōmencent indifferémentles degrez & nōbres des hauteurs deſſuſdictes.

l   Tout ainſi qu'on trouve par la figure,dont
parle noſtre Auteur ; le degré du Soleil , au zo-
diaque:auſsi par la meſme figure,peut-on trouver
le contraire; qui eſt , par le degré du Soleil , trou-
ver , le quatrieſme du mois il eſt. Que ſi on me de-
mande,s'il y a moyen de trouver le degré du Soleil,
ſans la cognoiſſance du iour du mois ? ie reſpons
qu'ouy. Car en prenant l'eleuation meridienne du
Soleil , par la cinquieſme propoſition,& poſát la
partie de la ligne Eccliptique,en laquelle eſt le So-
leil (& pour c'eſt effaict il faut ſçauoir ſi le So-
leil eſt aux ſignes , montans , ou deſcendans ,que
ſi on ne le ſçait , on le peut cognoiſtre , par deux
obſeruations meridiennes) ſur la ligne de midy,&
le degré qui y tombera iuſtement , ſera celuy au-

quel est le Soleil: mais de cecy il en sera parlé, sur p. 26. proposition de la première partie.

Figure par laquelle on trouue le degré du Soleil au zodiaque, par la cognoissance du iour, & au contraire.

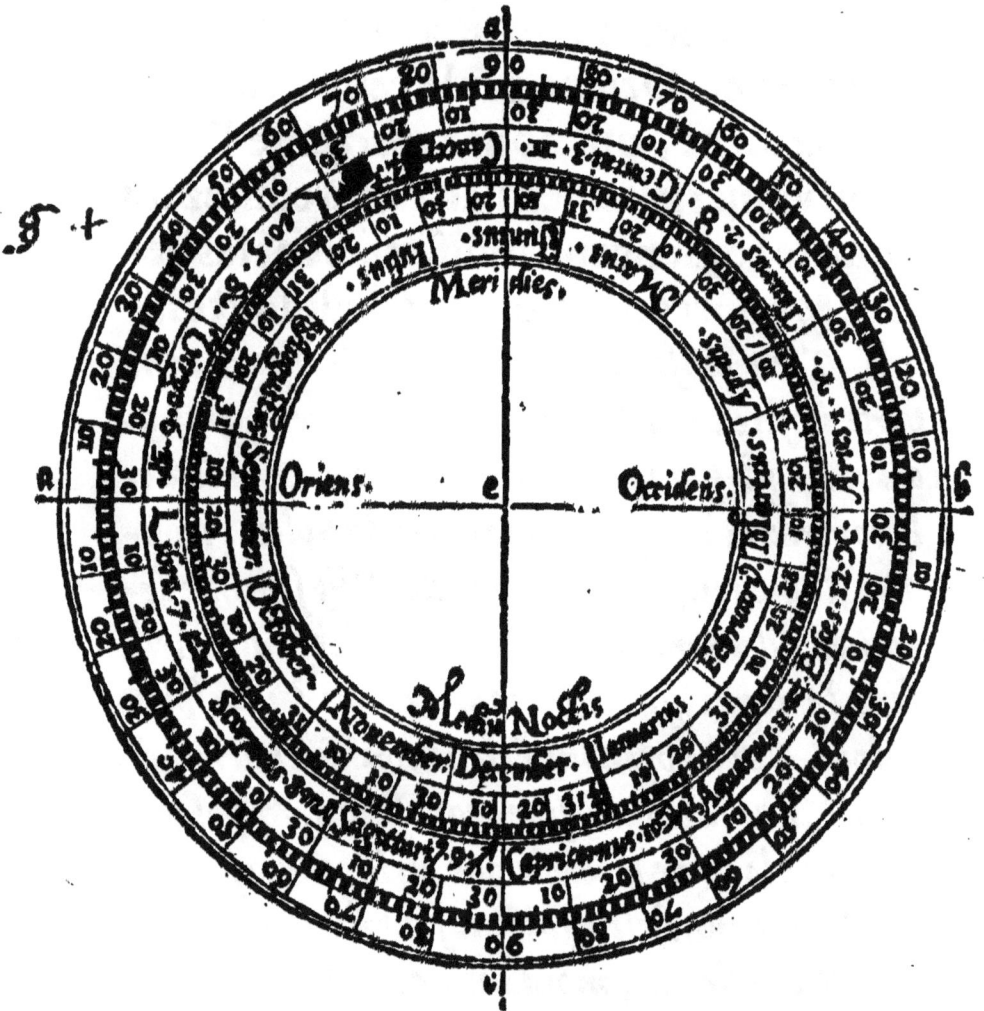

m Il faut noter que la figure immediatement superieure, est faitte auant la reformation du Ca-

lendrier, auquel temps elle estoit bonne & l'est
encor aussi aux lieux ou ceste reformation n'a
point de lieu: mais ou ladite reformation est ob-
seruee, il y a dix iours de difference, ainsi qu'il sera dit en la premiere proposition, de la premiere
partie de ce traicté.

» Et pres de ceste ligne sont en aucuns
Astrolabes six petites lignes en manieres
d'arcs qui se ioignêt toutes au cêtre auecques l'horizô, descrites de l'vn ou des deux
costez, pour trouuer les heures inegales :
combien qu'elles ne sont fort necessaires
en ce lieu, d'autât qu'elles se peuuent practiquer plus iustement par la description
d'celles, qui se faict sous l'Horisô és tables
des regions, sinon qu'elles sont generales,
pour toutes eleuations de Pole, pour s'en
aider ou il defaudroit quelque table.

n   Et pres de ceste ligne : c'est à dire pres de la
ligne A C qui est la ligne de midy, laquelle couppe
B D en angles droicts au point E qui est le centre, auquel lieu se ioignent les six petites lignes
dont est parlé au texte. Ainsi qu'il se void en la
figure suiuante. Des heures inegales, il en sera parlé en la proposition vnziesme, de la premiere
partie.

Figure pour trouver les heures inegales, laquelle toutesfois ce trouue rarement aux instrumens.

Semblablement est vn quarré geometrique nômé l'eschelle altimetre, diuisee sur deux costez chacun en 12. poincts ou parties egales. de laquelle parlerôs amplemêt au dernier traicté.

Figure en laquelle est representée l'eschelle Altimetre.

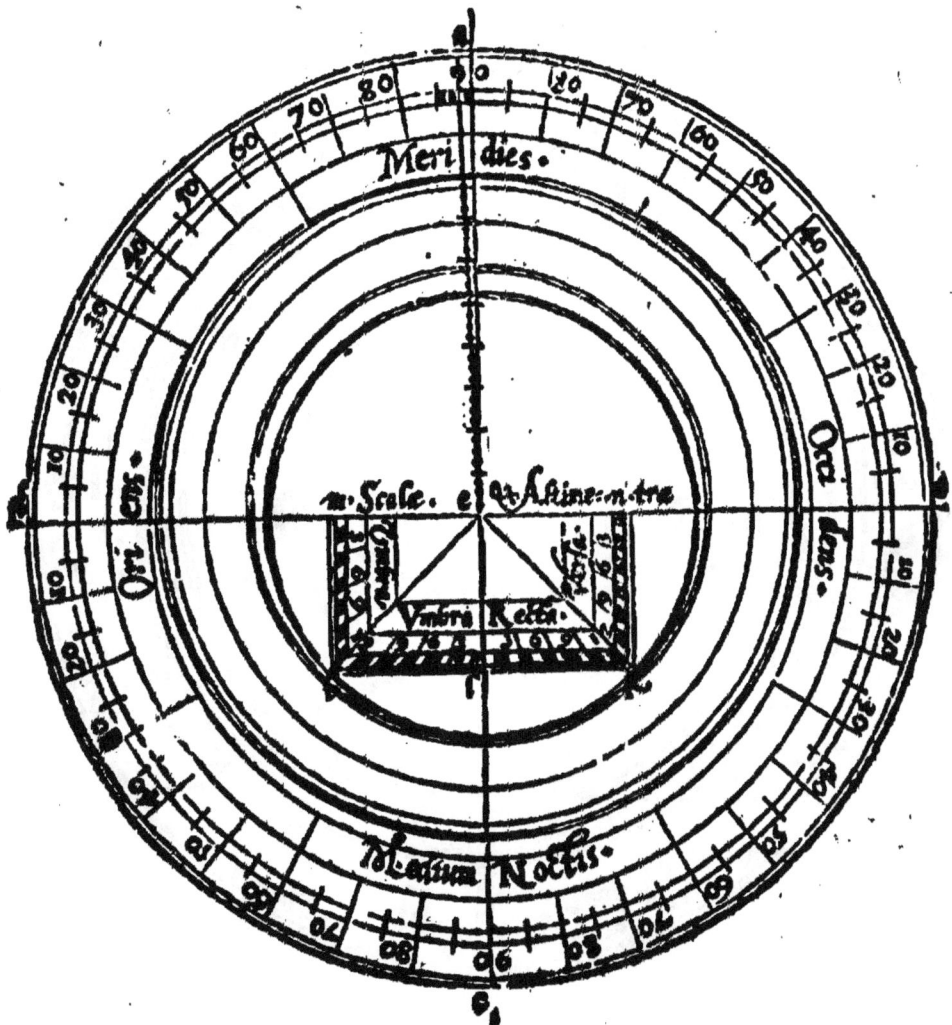

Outre plus nous auons defcrit en nostre
Astrolabe deffus les degrez des haulteurs
au bord de l'instrument les 12. vents, à fin
de cognoistre de quelle part du monde
chacun vêt procede, auecques vne banie-
re, & vn petit quadran à ayguille, comme
dirons cy apres.

Figure des douze vents.

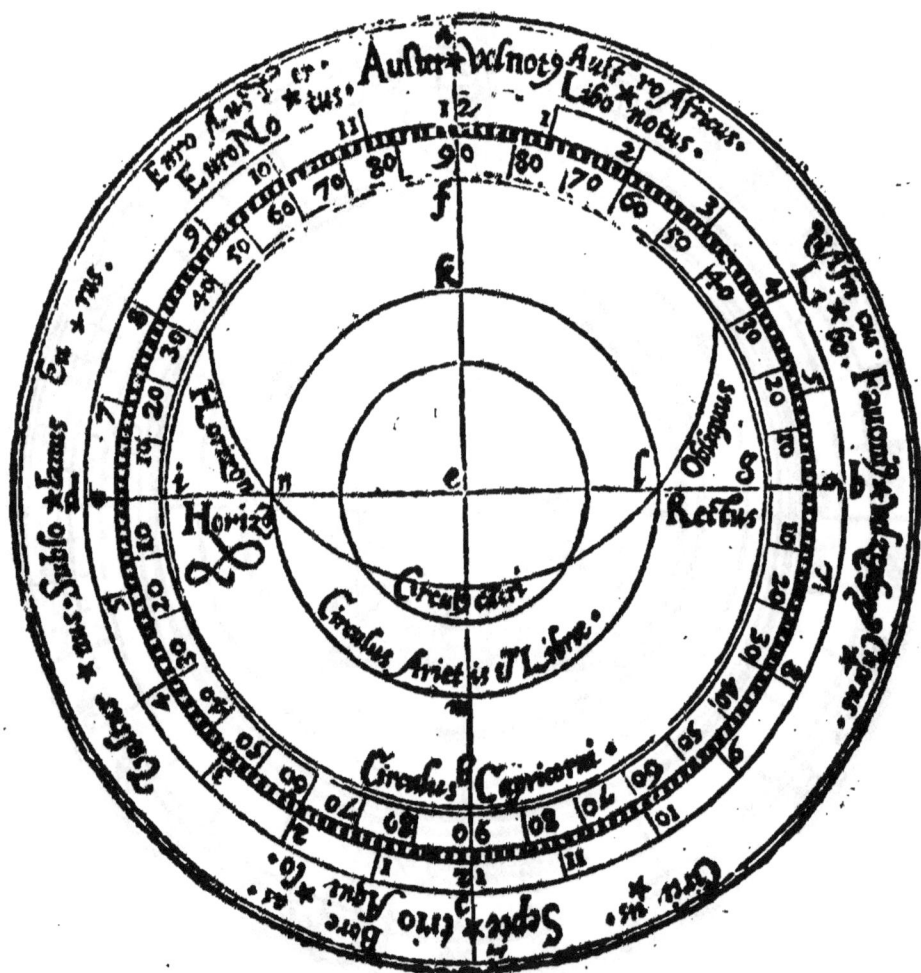

La Figure immediatement superieure, outre les
12. vents, marque les 24. h. egales, la diuision
du cercle en 360. degrez, les 2. trop. l'Equi.
l'Hor. droiɛt & l'Obliq.

Et finablement eſt la reigle qui tourne
ſur le dos de l'Aſtrolabe, diɛte Ahlidada en

Arabe, Dioptra en Grec, & Mediclinium,
ou Radius selon les Latins: en laquelle sôt
deux tablettes, autrement dictes pinules
percees de deux petis pertuis ou fentes,
pour prendre la hauteur du Soleil des
estoilles & autres obseruations.

La reigle du dos, dite Alhidade.

*Les noms & parties de l'autre
face, dicte la mere.*

Premierement en icelle face est le circuit
appelé le limbe, ou marge diuisé en 360.
degrez, auecques les nôbres croissâs communement de 5. en 5. & distinguez par lignes plus lôgues que celles des degrez, lesquels nombres auons continuez iusques à
360. o & non par 90. cômençant à l'Horizon droict en la partie d'Oriêt, & ce pour
trouver plus facilemêt les assésiôs des signes & estoilles (côme verrez cy apres) I-
ceux cercles & degrez no' represêtent l'E-
quinoctial, ou sôt mesurees & distribuees

DECLARATION

les 24. heures egales que nous appellōs *p*
heures d'Horologes, dōt chacune d'icelles
contient 15. degrez, & chacun defdicts degrez vault 4. minutes, telle.nēt que chacune heure eſt compofee de 60. minutes.

o *Noſtre Auteur dit icy , qu'en la figure, des*
24. heures egales , il a diuiſe la marge ou limbe en
360. parties tout d'vne meſme ſuitte ; & non
dit-il par 90. ce qui cependant ne ſe trouve pas
tel à la figure, bien eſt vray , qu'il importe peu que
ceſte marge ſoit ainſi icy marquee , mais il ſeroit
bien neceſſaire que cela fuſt quand toutes ces pie-
ces icy ſpecifiees ſont aſſemblees en vn ſeul inſtru-
ment. Que cy cela n'eſt (comme il ſe trouve peu
ſouvent) il faut touſiours ſe ſouvenir, que quād il
eſt queſtion des aſſenſions des ſignes, il faut conter
depuis le vray point d'Orient , tout d'vne ſuitte à
l'entour du cercle, ſans le prendre par quarts.

p Heures d'Horologes, ou heures Equinoctia-
les, à cauſe que leſdictes heures , ſont meſurees par
l'eleuation de 15. degrez de l'Equinoctial ſur
l'Horizon. D'où il s'enſuit , puis qu'il y a 24. heu-
res au iour, que l'Equinoctial cōtiēt 360. degrez,
d'autant que 24. fois 15. font 360. & pour ceſte
cauſe ſont-elles appellees heures egales.

Figure

Figure des 24. heures egales.

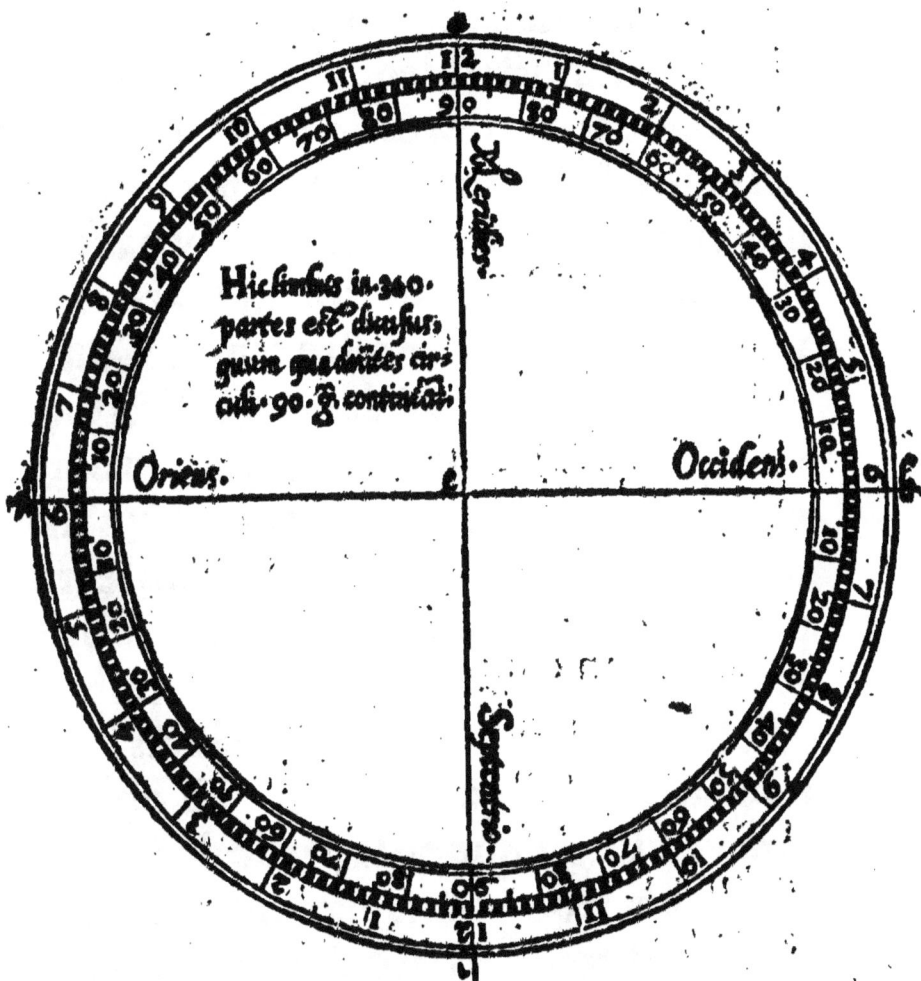

Puis s'éſuit le dedás d'icelle face, qui eſt
concaue pour côtenir pluſieurs tables ou
Tympanes, ſeruás, à diuerſes regiôs, ſeló la
variété des latitudes, ou eleuatiós du Pole
ſur l'Horizon, ſur le centre d'icelles tables
ſont deſcrits trois Cercles Cócétricques,

C

defquels le plus petit pres le centre eft le tropicque de Cancer, nommé en la Sphere Tropicque eftiual. Et le moyé cercle repréfente l'Equinoctial, lequel paffé par le cómencement d'Aries & de Libra où eft faite l'equatió du iour à la nuict par tout l'vniuerfel monde quand le Soleil y paffe : à fçauoir enuiron le ¶ 10. de Mars, & le 13. de Septembre de noftre temps. Confequemmét le plus grãd des deffufdicts Cercles, pres le bord des tables eft le tropicque de Capricorne (outre lequel n'y a rien defcrit és tables) nómé en la Sphere le tropicque d'Yuer, qui nous caufe le plus brief iour de l'an, enuiron le 12. de Decembre.

Et fault entédre que les deffufdicts Equinoctial & tropicques en l'Horizó oblique tant vers Oriét, que de la partie d'Occidét, diftinguét trois points dignes de memoire, à fçauoir l'equinoctial en la partie oriétale, le vray Oriét: le tropicque le Cancer l'Orient d'Efté, & Capricorne celuy d'Yuer.

Pareillement denotent trois femblables Occidents, en la partie oppofite.

¶ Depuis la reformation du Calendrier, les Equinoxes fe trouvent, le 20 de Mars, & le 22 de Septembre. Semblablement eft icy marqué

pour le plus cour iour de l'annee, le 12. de Decembre: mais à present c'est le 22. dudit mois.

Partie d'vne des tables contenües
en la mere.

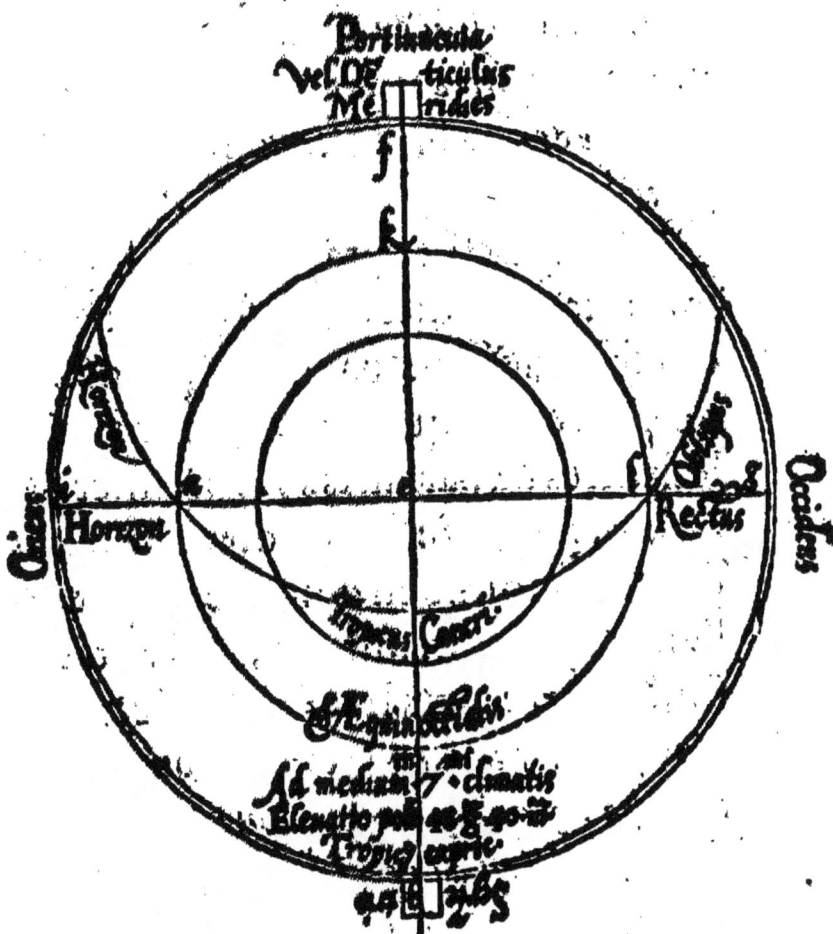

r Nostre Auteur parlant de la figure immediatement superieure, dit qu'elle marque 3. points
dignes de memoire, assauoir le vray Orient, qui

eſt le poinct N. auquel lieu l'Horizõ droict, & l'O-
blique, auec l'Equinoctial ſe coupent: & au deſ-
ſous de N. qui eſt dedans l'Equinoctial, l'Hori-
zon oblique coupe le tropique de Cancer, qui eſt
l'Orient d'Eſté : mais la ou ledit Horizon touche
le tropique du Capricorne , qui eſt hors l'Equi-
noctial au deſſus de N. eſt l'Orient de l'Hyuer.
Par la cognoiſſance de ces trois diuers Orients, il
eſt facile de trouuer les trois Occidents , comme
porte le texte.

Item eſdictes tables ſont les 5 Almicantaraths dicts Cercles des haulteurs,
qui ſont deſcrits par deſſus à noſtre Hemiſphere, deſquels les vns ſont entiers &
les autres imparfaicts. Le premier d'iceux
nous repreſente l'Horiſon oblique, lequel
diuiſe le monde en deux hemiſpheres, dõt
l'vn nous eſt manifeſte , & l'autre caché
ſoubz-terre, vers les Antipodes.

5 Il eſt à noter que combien que noſtre Au-
teur die icy qu'il y a des Almicantarahts impar-
faicts, que c'eſt à l'égard de la figure icy miſe: car
puis que l'Horizon oblique en eſt le premier , le-
quel n'eſt pas vn Cercle imparfaict , & que tous
les autres ſont deſſus depuis ledit Horizon iuſ-
qu'à noſtre Zenith & pour ceſte cauſe ſont appel-
lez Cercles des haulteurs , il eſt manifeſte qu'il ne

les faut pas imaginer tels, mais dans les instru-
ments il n'est pas necessaire qu'ils soient tous par-
faicts. Ces Cercles dònc, sont Cercles lesquels sont
Paralleles entreux, tellement que le second Almi-
cantarath est vn Cercle Parallele à l'Horizon &
ainsi des autres: selon qu'il se peut mesme tres-bien
recueillir du texte.

Table des Almicantaraths.

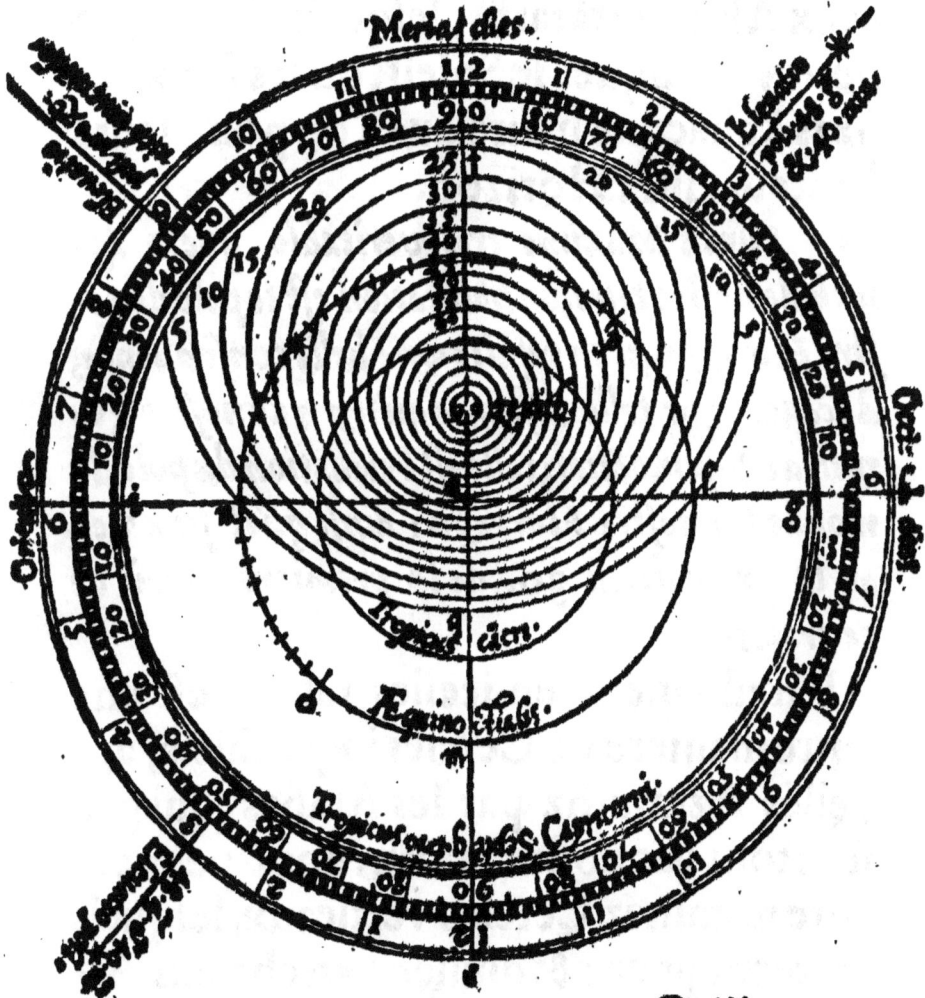

Et faut noter que le *t* zenith de la region eſt le pole de l'Horizon d'icelle, pour laquelle la table eſt deſcrite, & eſt entendu par le centre du plus petit Almicantarath: car entre iceux depuis l'Horizon audit zenith, de toute part, ſont compris 90. degrez, diuiſez & traſſez, ou de 2. en 2. ou de 3. en 3. ou de 5. en 5. ou de 10. en 10 ſelon la capacité de l'inſtrument & interuale d'iceux Almicanraraths, leſquels ſont faicts pour y appliquer le Soleil, ou les Eſtoilles fixes à chacune heure que l'on prent leurs hauteurs ſur l'Horizon.

t   Sur la Maxime tres-veritable, que le Zenith de noſtre teſte, ou habitation eſt le pole de noſtre Horizon, il en reſulte vne belle conſequence, à ſçauoir que telle diſtance qu'il y a de noſtre Zenith à l'Equinoctial, telle eſt l'eleuation du pole du monde ſur noſtre Horizon : ainſi qu'il ſera veu en la propoſition 30. de la premiere partie de ce traicté.

Pareillement en icelles tables eſt vne autre maniere de Cercles imparfaicts, appellés Azimuthz par les Arabes, qui paſſent tous par noſtre zenith, dont peuuent eſtre nommez Cercles verticaux, leſquels entrecouppent & diuiſent vn chacun Al-

micantarath en 360. degrez, defcrits ou
traffez de 5. en 5. ou de 10. en 10. ou de 15.
en 15. felon la defcription, *capacité ou gran-*
deur des diuers inftruments: & ce par quatre
quartiers, ayant chacun 90. degrez, lefquels font diftinguez l'vn de l'autre par
deux Azimuthz principaux, à fçauoir la
ligne Meridienne, & l'Azimur Equinoctial, qui paffe du vray Orient par noftre
Zenith au vray Occident, ou nous com-
mençons communément à compter les
degrez defdits quarts, tirant vers Midy,
ou Septentrion, qui font faits pour fçauoir en quelle partie du monde fe trouue
le Soleil & Eftoilles, tant en leuant qu'en
couchant, & autres heures que l'on
voudra.

C iiij

Table des Azymuthz.

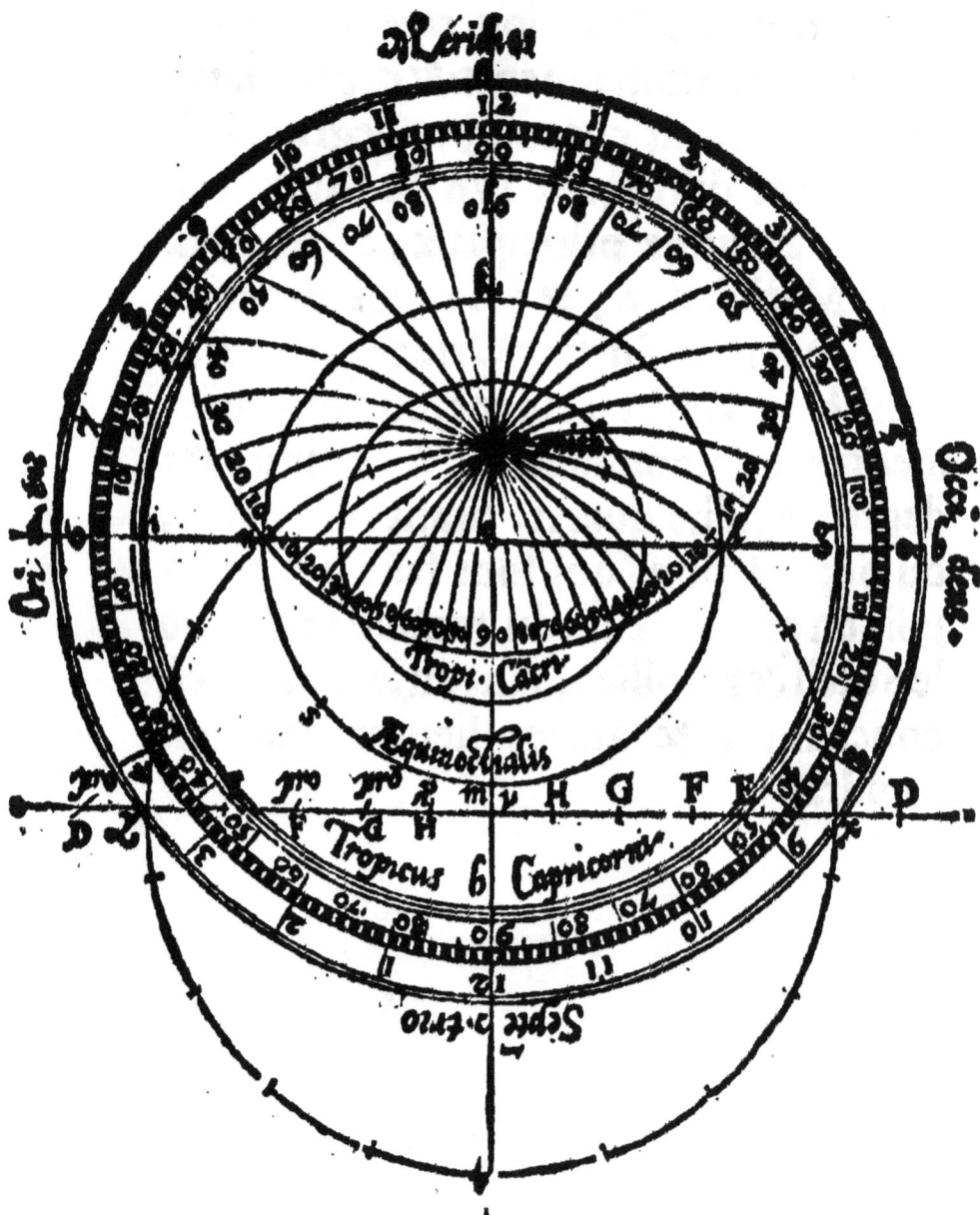

¶ Outre les Azymuths defcrits, en cefte figure
il y a plusieurs autres chofes, comme entr'autres

la ligne DD. qui est pour la construction desdicts Azymuths, pour l'explication dequoy voy Stopher.

En apres sont au dessous & hors l'Horizon oblique, des heures inegales, (il en sera parlé en la proposition vnziesme), dictes autrement heures des Planettes, comprises par 10. petits arcs, lesquels auec la ligne de minuict & ledit Horizon, tant en la partie d'Orient que d'Occident, distinguent les 12. heures inegales, & ont leur commencement en la partie d'Occident, tendant, à la ligne de Minuict, finissant en Orient : côme pouuez voir par leurs nombres descrits dessous ledit Horison en la figure suiuante.

Figure des heures egales & inegales.

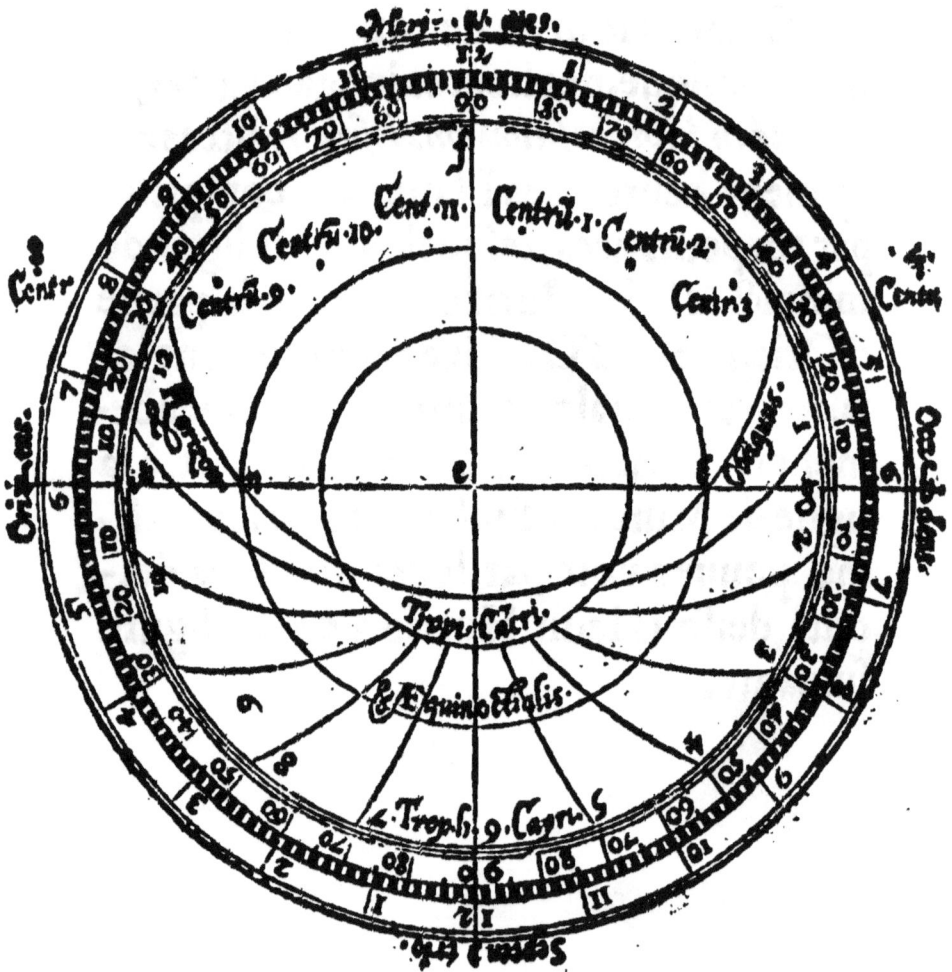

Les noms & Caracteres des sept Planettes, selon
leur ordre, sont figurez en ceste maniere.

    ♄   1   Saturne.

    ♃   2   Iupiter.

    ♂   3   Mars.

☉	4	Le Soleil.
♀	5	Venus.
☿	6	Mercure.
☾	7	La Lune.

Aussi trouuerez dessous ledict Horizon obliquevne ligne nommée Crespuculine, entre les heures inegales, denotée par ses deux lettres A, & B, pour trouuer le poinct du iour & le commencement de la nuict, comme nous dirons cy apres en nos Canons.

Semblablement font deux lignes diametrales, qui fe coupent au Centre defdictes tables, l'vne nommée la ligne de Midy, defcendant de l'anneau par le Centre en bas, dont la partie d'icelle comprinfe fur l'Horizon oblique ; nous reprefente la ligne meridienne, comme l'autre partie d'ē bas, la ligne de Minuict. Et l'autre ligne qui trenche droictement la meridienne par le Centre, à droicts angles, denote l'Horizon droict à fçauoir de ceux qui habitent fous l'Equinoctial, dont la partie depuis le centre tendant outre, vers la main feneftre de celuy qui regarde l'Aftrolabe, eft la ligne d'Orient : L'autre partie eft celle d'Occident, & diuifent cefdictes lignes les Tropiques auecques l'Equinoctial en quatre quartiers egalement.

D'auantage font defcrits quatre grands arcs, touchant de leurs extremitez le Cercle du Capricorne, lefquels paffent tous par le poinct ou s'entrecouppent le Meridien & l'Horizon oblique : & auec iceux diuifent l'Equateur en douze parties ega-

les, tellement que par iceux est distinguée
& diuisee tant la partie superieure que inferieure des tables, chacune en six parties
ou interuales, qui nous representent les
douze maisons du Ciel adioustee pour
plus facilement domifier & dresser figures Astronomiques à toutes heures selon
Purbache, & de Monté regio, desquelles
la premiere maison commence en la partie Orientale de l'Horizon oblique, iufques à l'interualle de trente degrez en l'E-
quinoctial, ou incontinent commence la
seconde : & ainsi les autres maisons selon
l'ordre des signes:& sont les six premieres
d'icelles sous l'Horizon, & les six autres
au dessus en nostre Hemisphere.

Figure des 12. maisons du Ciel.

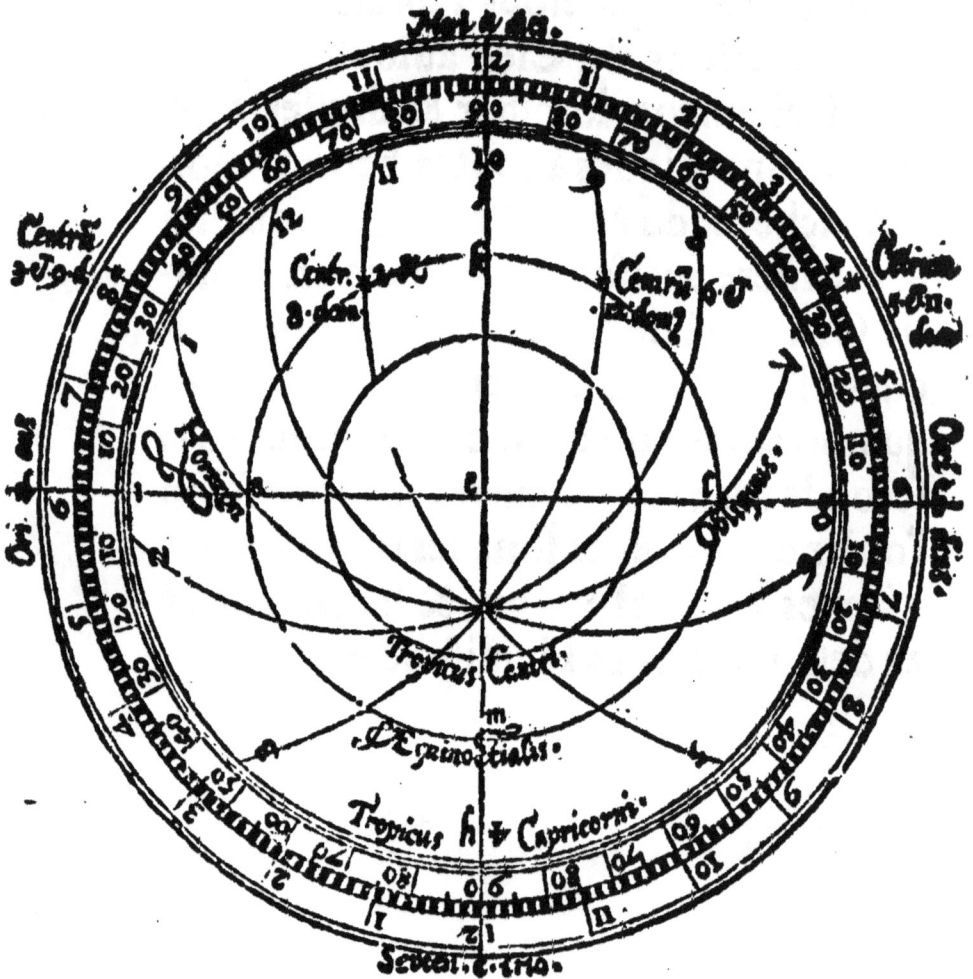

Apres auoir declaré les parties dés tables, s'enfuit l'Araigne du zodiaque, qui eſt vne table eſcrite à part, & vniuerſelle pour chacune deſdictes tables, contenant premicrement vn Cercle, ou ſont les noms

des douze signes Celestes, diuisé en 360.
degrez par leurs nombres procedans de 5.
en 5. ou de 10. en 10. iusques à 30. qui est la
quantité d'vn des douze signes, & la Circonference d'iceluy Cercle nous represente l'Eclyptique ou voye du Soleil.

L'Araigne du Zodiaque.

Contient aussi ladicte Araigne certain
nombre des Estoilles plus claires & reluy-
santes au Ciel, situées & calculées selon
leurs vrays lieux, sur petites poinctes, auec
la nature & grandeur d'icelles, denotées
par aucuns nombres & Caracteres, à sça-

uoir, 1. 2. 3. &c. qui fignifient icelles eftre
de premiere ou feconde ou tierces gran-
deurs. Et par ces Caracteres des Planettes
Iupiter, Venus, Mars, & Mercure eftre
de la nature de Iupiter, Venus, Mars, & de
Mercure , & ainfi des autres.

Confequemment y a la petite reigle nó-
mée en Latin *Index*, *ou Oftenfor*, qui tourne fur le centre de l'inftrument autour du
limbe, pour monftrer le leuant & couchant du Soleil, des Eftoilles & autres
commoditez.

L'Oft en feur, ou petite reigle.

Les Arabes appellent cefte petite reigle
Almuri.

Finablement eft le pertuis du milieu de
l'Araigne, ainfi qu'il y a en vne chacune
defdictes tables , qui nous reprefente le
Pole du monde. Par lequel pertuis & le
clou du milieu font lefdictes tables con-
iointes

ioinctes enfemble, auec tout l'inftrument.
Qui fera la fin des noms & parties, contenuës en ce prefent inftrument, lefquelles bien entenduës, il fera facile comprendre ce qu'il fera dit cy apres en nos
Canons.

Le Clou.

u   Et ainfi des autres : c'eftà dire, Saturne, le
Soleil, & la Lune. Or d'autant qu'il y a peu
d'inftruments, où ces Caracteres foient, & qu'il y a
plufieurs perfonnes qui pourront defirer en ce lieu
vn petit mot ; ie donneray la nature des Eftoilles
contenuës en ladite Araigne, qui font en commençant à Aries, vne Eftoille d'Andromeda, qui
eft de la 3. grandeur, & eft de la nature de Venus, apres font Cauda & venter Ceti, i: la
Queüe & le ventre, de la Balaine, de la mefme
grandeur, & qui font de la nature de Saturne.
Suit le Taureau, où eft premierement à remarquer fon œil droict, Arabicè Aldebaran, qu'on

D

appelle communement oculus Tauri, qui est de
la premiere grandeur, & est de la nature de Mars
apres est Caput Medusæ, i : chef de Medu-
se, Arabicè Rasdalgol, qui est de la seconde grã-
deur & est de la nature de Saturne & de Iupiter : suit Dextrum latus Persei i : le costé
dextre de Persée Arabicè Algenib. qui est de
la mesme grandeur , & est de la mesme nature:
vient Gemini, ou se trouve Hircus i : le Bouc
ou la Chevre Arabicè Albajoth, apres est sini-
siter pés Orionis i : le pied d'extre d'Orion,
Arabicè Rigel Algouze, qui est de la premiere grandeur , & est de la nature de Iupiter &
Saturne: suit Dexter humerus Orionis i:
l'espaule droicte d'Orion, qui est de la mesme grã-
deur , & est de la nature de Mars & de
Mercure. Pres de Cancer sont les deux Chiens,
le grand, & le petit, tous deux de la premiere grã-
deur. Canis Maior , siue Canicula , Grecè
Sirius, Arabicè Alhabor, qui est de la nature
de Iupiter, & de Mars. Canis Minor, Grecè Procyon, Arabicè Algomeisa, qui est de
la nature de Mercure & de Mars : suit le Liõ,
ou est le cœur du Lion, qui est de la premiere grã-
deur , le cœur de la Hydre , & la premiere
de la queüe de la grande Ourse, qui sont de la se-
cõde grandeur: Cor Leonis, Regulus, Basili-

cus. Arabicè Calbeleced. *qui est de la nature
de* Mars, *&* de Iupiter. Lucida Hydræ vel
Cor, Arabicè Alphard. *est de la nature de Saturne & de* Venus. Prima caudæ, vrsæ
maioris, *est de la nature de* Mars : *pres de* Virgo, *est la Queüe du* Lion, *qui est de la premiere
grandeur, le Bec du Corbeau, qui est de la 3. &
l'extremité de la Queüe de la grand'*Ourse, *qui est
de la 2.* Cauda Leonis, Arabicè Deneb
eleocd, *est de la nature de* Saturne, Venus, *&*
Mercure. Rostrum Corui, *qui est commune
à l'*Hydre, *est de la nature de* Saturne *& de*
Mars, Extrema Caudæ, vrsæ maioris, *est
de la nature de* Mars : *pres de* Libra, *sont l'Espic
de la virge, & Arcture, qui sont de la premiere
grandeur.* Spica virginis, Arabicè Azimech,
est de la nature de Venus, *& de* Mars. Arctu-
rus, Arabicè Alramech, *est de la nature de*
Mars *& de* Iupiter : *suit le* Scorpion, *ou est seulement le Cœur du* Scorpion, *qui est de la seconde
grandeur.* Cor Scorpij, Arabicè Antares,
est de la nature de Mars, *& de* Iupiter : *suit le*
Sagittaire, *pres duquel sõt la paulme de la main,
& la Teste de l'Ophiuche, qui sont de la 3. grandeur.* Palma Ophiuchi, *est de la nature de Saturne & de* Venus, *comme est aussi* Caput
Ophinchi Arabicè Ras aben: *pres le* Capri-

corne, *est la Lyre, qui est de la premiere gran-*
deur, la queüe du Cygne & *l'Aigle qui sont de la*
seconde. Lyra seu Fidicula & Vultur cadens
Arabicè Asange vel vega, *est de la nature de*
Venus & de Mercure, Cauda Cygni seu
galina, Arabicè Deneb, Adigege, *est de la*
mesme nature. Aquila seu vultur volans, A-
rabicè, Alchair, *est de la nature de* Mars, & de
Iupiter: *Suit* Aquarius & Pisces, *pres lesquels*
sont la queüe du Capricorne, la queüe du Dau-
phin, & *la iambe du Pegase, ces deux-là de la* 3.
grandeur, & *celle-cy de la seconde,* Cauda Ca-
pricorni, *est de la nature de* Saturne & de Iupiter, Cauda Delphini, *est de la nature de* Saturne & de Mars, Crus Pegasi, *est de la natu-*
re de Mars, Iupiter, & Mercure.

LA PREMIERE

PARTIE DE L'VSAGE ET
VTILITÉ DE L'ASTROLABE.

Premiere proposition.

Pour trouuer le signe, & le degré du signe, auquel est le Soleil chacun iour, auecques le signe & degré opposite.

POVR " autant que le Soleil est la reigle principale des mouuemens du Ciel, le Roy des Estoilles, & la lumiere de ce monde, par lequel se faict la distinction du temps, tant en qualité qu'en mesure, sera tres conuenable entre les vsages de l'Astrolabe commencer par luy, comme vray directeur de tout l'vsage Cosmographique. A ceste cause, pour cognoistre le vray lieu d'iceluy, sçauoir en quel signe, & degré il est du zodiaque vn chacun iour, posez la reigle du dos, sur le iour du mois que voulez cognoistre vostre degré, & ou la reigle touchera au Cercle des douze signes, là est le vray lieu du Soleil à ce iour.

Et fous l'autre partie d'icelle reigle eft fon degré oppofite, appellé des Arabes le Nadirh du Soleil, qui fe peut trouuer pareillement en prenant toufiours autant de degrez du figne oppofite, (qui eft le feptiefme) comme en a le Soleil en fon figne.

bb   Exemple, En mettant la reigle fur le quinziefme d'Auril, ie voy icelle reigle droictement tomber fur le cinquiefme degré du Taureau, au Cercle des fignes. Parquoy ie iuge le Soleil eftre en celuy degré ce iour euuiron midy, & fous la partie oppofite de la reigle, ie trouue le cinquiefme du Scorpió, qui eft le Nadirh du Soleil pour ledict temps.

aa   *Noftre Auteur, appelle icy, le Soleil, la regle principalle des mouuemens du Ciel, & le Roy des Eftoilles, le tout certes non fans raifon; car quand nous difons que le 9. Ciel faict fon tour en 49000. ans, ces ans là, font ans du Soleil; & ainfi des autres Mobiles. Et de faict comme nous auons dit en la lettre A. Le premier mobile faict vn tour tout autour du monde, en 24. heures: emportant quand & luy toutes les Spheres inferieures; d'Orient par Midy, ou Occident, & par ce moyé s'engédre vne de fes 30. filles dót parle l'Enigme qui font moitié blanches & moitié*

noires ; car ce mouuement nous faiƐt succeßiue-
ment iouïr , & eſtre priuez de la lumiere du Soleil, par les iours Artificiels, & les nuiƐts Artificielles, qui ſont deux ſœurs differētes , qui s'engē-
drent & tuent l'une l'autre. Mais le Soleil par
ſon propre mouuement, qui eſt au contraire de ce-
ſtuy-cy faiƐt changer l'Hyuer en Prin-temps , le
Printemps en Eſté, l'Eſté en Automne, & l'Automne en Hyuer , nous faiſant à nous qui habitōs
en la Sphere oblique les deux ſœurs , dont ie viens
de parler en vn temps moindre, l'vne que l'autre
& autrefois au contraire, ſelon l'ordre des 183.
poinƐts deſquels l'vn apres l'autre il ſe leue &
couche deſſus noſtre Horizon. Le Soleil eſt ſitué
au milieu des Planettes, ayant ſur ſoy ♄.♃.&
♂.& au deſſous ♀. ☿.& la Lune : Venus &
Mercure eſtant comme les gardes , & toutes
auec les Eſtoilles du Firmament, reçoiuent lumiere de luy, auſſi eſt il appellé Lampe de la lumiere,
& vie des hommes, & qui conſidera bien le mouvement & ordre perpetuel, & inuariable, de ces
Planettes, il aura occaſion d'entrer en admiration
d'vn tel ouvrage , & par ce moyen ſera induiƐt à
adorer & ſeruir la vraye lumiere, qui illumine
tout homme venant au monde, & qui eſt la ſource inepuiſable des bontez & beautez Eternelles.
Et eſt à remarquer que quand les trois hautes Pla-

nettes se viennent conioindre au Soleil, elles s'es-
leuent au haut de leur Epicycles, comme par reue-
rence deüe à leur Roy: & en estant plus esloignées
elles descendent au bas en signe de dueil. Mais il
faut reseruer ce discours pour vn autre lieu.

bb C'est exemple estoit bon auant la reformation Gregorienne, & encor à present és lieux
où on ne l'obserue point : mais és lieux où elle est
obseruée, il y a manque de dix iours : & partant
aux Astrolabes reformés, en posant l'Alhidade
sur le 15. d'Auril, on trouuera le 25. d'Aries : ce
que dessus doit estre entendu : pour les exemples
cy dessous, où il est question de trouuer le degré du
Soleil. Et pour son Nadirh le 25. de libra & non
le 5. du Scorpion.

Seconde proposition.

Trouuer le degré du Soleil és ans que nous auons Bissexte.

Faut entendre que l'an est faict de trois
cens soixante cinq iours Naturels, & enuiron vn quart, qui sont six heures egales, de
laquelle portion de quatre ans en quatre
ans nous faisons vn iour, lequel est mis &
inseré sur le sixiesme iour de deuant les Kalendes du mois de Mars, que l'on dit Bis.

sexte, quasi vn iour faict & celebré deux fois sur icelle 6. Kalende, qui est le iour de sainct Mathias, & alors l'an est augmenté d'vn iour entier, & est faict de trois cens soixante six iours. Parquoy pour trouuer le degré du Soleil, quand il sera Bissexte, si c'est apres le mois de Feurier, faut tousiours anticiper *cc* d'vn iour, iusques à la fin de ladicte année : comme si l'on veut trouuer le degré du Soleil le premier de Mars, conuient mettre la reigle sur le second iour d'iceluy, & prendre le degré qui se trouuera sous ladicte reigle, pour le premier iour dessusdict, & ainsi des autres.

Exemple, l'An 1544. an Bissextil, voulât trouuer le degré du Soleil le quinziesme d'Auril, ie mets la reigle du dos sur le saiziesme dudict mois, soubs laquelle voy choir le sixiesme degré du Taureau, qui est le degré du Soleil, pour ce iour quinziesme de Mars *Faut corriger c'est exemple par le precedent.*

Et pour sçauoir l'an du *dd* Bissexte ostez de la somme des années ceste somme 1500. & partissez le reste par 4. Si apres diuisió faite vous reste vne ou deux, ou trois années, asseurez-vous que vous estes hors

de Biſſexte:mais ſi la diuiſion ne vous laiſ-
ſe pour fraction aucune année croyez ſeurement que vous eſtes en année Biſſextile.
Les exemples ſe peuuent aiſément prendre és années, 1550. 55. 57. & és années
1552. 56. & pour l'aduenir 1560.

cc   Il faut commencer ceſte anticipation le 29.
iour de Feurier, & continuer iuſques à la fin dudit mois, de l'année ſuiuante; or la raiſon pourquoy, il faut commencer le 29. de Feurier, eſt que
dans les Aſtrolabes ce mois là n'a que 28. iours:
& pourtant deſirans ſçauoir le degré du Soleil, le
dernier iour de Feurier, 1616. année Biſſextile,
il faut poſer l'Alhidade ſur le premier de Mars
& on trouuera le 10. degré des poiſſons, & le deſirans trouuer le 25. d'Auril dudit an, il faut poſer l'Alhidade ſur le 26. iour dudit mois, & ie
trouue le 5. degré de Taurus. Que ſi on deſire ſon
degré le 23. de Ianuier 1617. faut poſer l'Alhidade ſur le 24. dudit mois, & on trouuera le 3.
degré d'Aquarius.

dd   Il faut expliquer le moyen de trouuer ſi on
eſt en Biſſexte, ou non, plus clairement, & amplement c'eſt que des annés courantes, il en faut
retrencher toutes les Centaines, & la raiſon eſt
qu'elle ſont chacune compoſée de 25. fois 4. &
partir le reſte par 4. s'il ne reſte rien, on eſt en Biſ-

fexte:comme pour exemple, l'an 1616. ou fouftrait
1600. qui font les Cètaines, & refte 16. qui diuifes
par 4. il ne refte rien, ce qui mõftre que telle annèe
eft Biffextile. Que fi quelqu'vn demandoit pourquoy vn tel an s'appelle an de Biffexte? ie luy refponds que c'eft d'autant, que le 24. iour de Feurier
eft le 6. des Kalendes de Mars, & que c'eft en ce
lieu-là, qu'on met le iour de Biffexte, car le iour S.
Mathias, qui eft aux autres annees le 24. iour de
Feurier eft aux ans de Biffexte, le 25. & ainfi à
telle annèe on peut dire le 6. & 6. des Kalendes
de Mars, comme vn tel iour, eftant conté pour
deux.

Troifiefme propofition.

Obferuer la haulteur du Soleil.

Pour obferuer chacun iour à toutes heures, combien le Soleil eft efleué deffus noftre Horizon, tant deuant qu'apres midy.
Le Soleil reluifant, pendez voftre Aftrolabe iuftement fans contrainƈte par l'anneau ayant le dos vers les rayons du Soleil, puis hauffez, ou baiffez la reigle tant
que lefdits rayons paffent droiƈtement par
les pertuis des deux pinules de ladiƈte reigle, en notant le nombre des degrez, def-

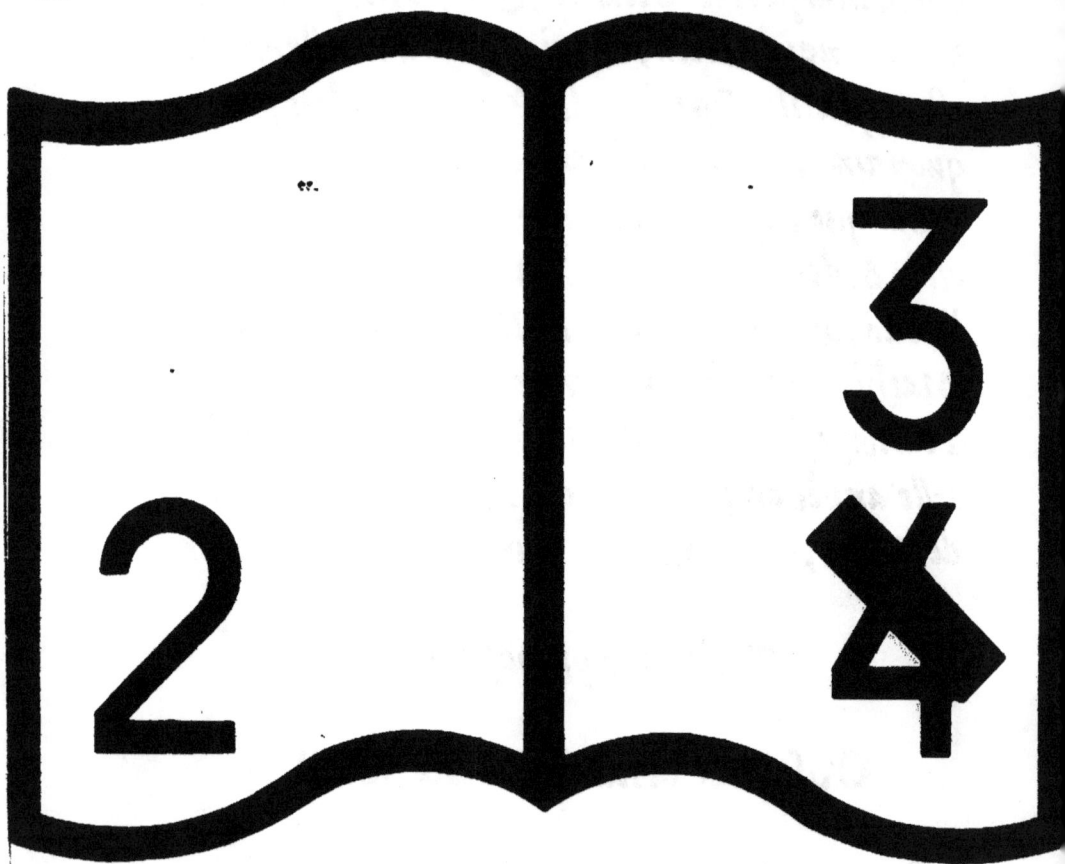

Pagination incorrecte — date incorrecte

crits iouxte le bord de l'inſtrument, commençant à la plus prochaine extremité de
la ligne Tranſuerſale qu'auons appellée
l'Horizon, & iceluy nombre de degrez ſera la haulteur du Soleil.

Exemple, Le quinziefme d'Auril au matin dreſſant la reigle du dos droit les rayõs
du Soleil, iuſques a ce que leſdicts rayons
paſſent iuſtement par les pertuis, ou fentes
des deux Pinules, auons trouué dedãs Paris à l'altitude de 48. degrez (ou adreſſe-
rons ce tous nos exemples) le Soleil eſleué ſur noſtre Horizon de 30. degrez en
comptant depuis ledit Horizon iuſques au
lieu de la reigle, laquelle haulteur nous ſer-
uira à trouuer les heures, & pluſieurs autres vſages cy apres deduicts.

Et conuient entendre quo celle haulteur ſe trouue de deux differences : à ſçauoir Matutine, ou Veſpertine, dont celle
du matin ſe faict pendant que le Soleil
monte d'Orient à Midy, & le demeurant
du iour la Veſpertine, parquoy ſi enuiron
le midy eſtes en doubte, ſi celle haulteur
eſt matutine, ou veſpertine, faut obſeruer
par deux fois. Et ſi la ſeconde haulteur eſt
plus grande que la premiere, l'on iugera

que celle-là estoit matutine, & plus petite vespertine.

Exemple, Apres auoir trouué la haulteur du Soleil de 46. degrez, ie suis en doute s'il est deuant ou apres midy. Pour oster ce scrupule quelque peu de temps apres, i'obserue derechef icelle haulteur, laquelle ie trouue de 46. degrez & demy, & pourtant qu'elle est plus grande que celle de deuant, ie iuge qu'il est encores deuant midy : Quelque temps apres ie reprē mon Astrolabe, & moyennant iceluy, ie trouue le Soleil auoir 46. degrez seulemēt de haulteur, lors ie m'asseure que le Soleil à passé midy.

e: Nostre Auteur donne 48. degrez d'altitude à Paris qui en a toute-fois 48. & 40. minutes.

Quatriesme proposition.

Sçauoir de nuict la haulteur des Estoilles.

Ceste proposition, & certaines autres qui s'ensuyuent, presuposent desia auoir cognoissāce de quelque Estoille. Parquoy le lieu requerroit d'ē traicter, si n'estoit que plusieurs autres choses sont requises & necessaires auāt que les cognoistre: dont sōmes contraincts les differer & traicter en leur ordre. Et à fin de venir à nostre propos faut entendre, qu'entre l'obseruation de la hauteur des estoilles, à celle du Soleil n'y à autre differēce, sinon que pource que les Estoilles ne font vmbre assez apparēte, les faut regarder par les trouz des deux Pinules, en pēndāt l'Astrolabe iustement au dessus de l'œil, & en haussant ou baissant la reigle iusques à ce que par les trouz desdictes Pinules d'vn œil seulement l'on puisse veoir l'Estoille dōt l'on veut obseruer la hauteur, ce faict les degrez entre l'Horizon & icelle reigle, mesurent la hauteur de ladicte Estoille selon les nombres des degrez escrits iouxte le poinct qui touche la reigle. Et s'il aduient que l'on soit en douté si la hauteur d'icelle Estoille est Orientale, ou Occidentale, la faut obseruer deux fois, & en iuger, cōme auons dict du Soleil.

Exemple, Voulant obseruer la haulteur de l'Estoille nommée en Latin Spica virginis, Et en François l'Espy de la virge, l'Astrolabe pendu par son Anse au dessus de mon œil, ie tourne la reigle iusques à

ce que par les trouz des Pinules ie puiſſe
voir ladite eſtoille Spica Virginis. Ce faît,
laiſſant la reigle ſur ce poinct, ie trouve
qu'elle touche le trétieſme degré de haulteur, parquoy ie dis quelle eſt d'autant
eſleuée ſur noſtre Horizon. En telle maniere l'on peut prendre la haulteur du Soleil, alors qu'il ne faict ombre, pourueu
toutesfois que l'on le puiſſe veoir à tra-
uers les nuës, qui eſt bon remede en tēps
nubileux.

Cinquieſme propoſition.

Obſeruer la haulteur Meridienne du Soleil, ou d'vne Eſtoille,

Par la hauteur Meridienne entendons
la plus grande de tout le iour qui ſe faict
quand le Soleil ou l'Eſtoille paſſent par le
cercle meridiē, laquelle ſe peut practiquer
en trois manieres, dont les deux ſont particulieres : L'vne qui preſuppoſe ia certaine cognoiſſance de l'eleuation du Pole,
deſcrite en vne table de l'Aſtrolabe. L'autre vne deſcription de la ligne Meridienne, qui n'eſt choſe que l'on puiſſe porter
ne dreſſer aiſement en ſa diſpoſition ſans

autre aide, Et la troisiesme qui est plus
certaine & vniuerselle n'a que faire d'autre cognoissance, ou instrument.

Fault doncques considerer que pour
trouuer icelle haulteur par la premiere
maniere: mettez le degré du Soleil droictement sur la ligne de Midy, entre les Almicantaraths ou cercles des haulteurs,
descrits pour l'eleuatió du lieu ou voulez
sçauoir icelle haulteur, & le nombre des
degrez entre lesdicts Almicantarahts du
poinct que touche ledict degré iusques à
l'Horizon oblique, sera ce iour, la hauteur
du Soleil à midy. Ainsi pourrez faire d'v-
ne Estoille, pour trouuer la hauteur Meridienne d'icelle.

ff Exemple. Le quinziesme d'Auril desi-
rant cognoistre dedans Paris de combien
le Soleil sera esleué à midy, ie mets le cinquiesme du Taureau, (qui est le lieu du
Soleil) sur la ligne de Midy en la table, qui
a 48. degrez d'eleuation : parquoy trouue
sa hauteur à midy estre enuiró 56. degrez,
en comptant depuis l'Horizon oblique,
iusques à la ligne de Midy entre les Al-
micantarahs.

Quand à la seconde faut auoir la description de

ption de la ligne Meridienne, ainsi que fera demonstré cy apres, & obferver la hauteur du Soleil, lors que l'ombre de la verge fera conjoincte avec la ligne Septentrionale, laquelle hauteur à telle heure prife, fera la plus grande que puiffe avoir le
Soleil ce iour, qu'on appelle la hauteur
Meridienne.

Refte la troifiefme, qui eft plus conuenable (comme il eft dict) & eft vniverfel-
le, laquelle nous practiquons en cefte maniere. Il faut commencer vn peu devant
midy à obferver icelle hauteur plufieurs
fois par intervalles & la retenir ou efcrire,
& quand vous verrez qu'elle ne croift plus
ains pluftoft diminuë, alors de toutes fes
hauteurs obfervées, prenez la plus grande
pour celle de midy.

L'exemple eft facile, comme fi en obfervant la hauteur du Soleil, ie trouve 30. degrez d'elevation, vn peu apres 30. & demy, puis 30. feulement, ie iugeray 30. degrez & demy eftre la hauteur Meridienne
du Soleil à ce jour.

*ff Au lieu du 5. degré du Taureau, il faut met-
tre le 25. degré d'Aries, cy c'eft Année de Biffexte, pour les raifons dites aux deux premieres pro-*

positions, & partant on ne trouvera que 52. degrez de la hauteur Meridienne & non 56.

Sixiesme proposition.

Adreſſer le degré du Soleil, ou quelque
Eſtoille ſur leurs hauteurs, entre les Almicantaraths.

Vous devez prendre le degré du Soleil,
ou l'extremité de l'Eſtoille qu'avez cy devant cogneuë à l'Araigne du Zodiaque,
& les mettre ſur les Almicantaraths en
hauteur ſemblable que les aurez trouvez
(par le dos) elevez ſur l'Horizon cómen-
çant à compter en la partie Orientale de
l'Horizon oblique, ſi c'eſt devant midy, ou
en l'Occidentale, ſi c'eſt apres, iuſques à ce
qu'ayez trouvé l'Almicantarath, reſpon-
dant à voſtre hauteur, & là aſſeoir voſtre
degré du Soleil ou Eſtoille.

Exemple, Le Soleil eſtant au 5. degré du
Taureau, & ſa hauteur trouvée de 45. degrez avant midy, je conte icelle hauteur
entre les Almicantaraths, commençant, à
la partie Orientale (pource qu'icelle eſtoit
matutine) & là adreſſe ledict degré du So-

leil; quoy faifent eft difpofé en femblable
hauteur, qu'il a efté trouvé au Ciel, qui eft
pour trouver les heures, & autres practi-
ques, ainfi que fera demonftré prefente-
ment.

Septiefme propofition.

Cognoiftre de iour iuftement
l'Heure égale.

Apres avoir cogneu le degré du Soleil
par la premiere propofition la hauteur d'i-
celuy, par la troifiefme, faut par la precedente diriger ledit degré du Soleil en telle
hauteur entre les Almicantaraths: puis en
mettât la reigle fur le degré du Soleil, vous
verrez fur quantes heures & minutes (fi
aucunes en y a) ladicte reigle cherra au
Cercle des heures, defcrites au limbe de
l'Inftrument, en prenant quinze degrez
pour chacune heure, & quatre minutes
pour chacun degré.

gg Exemple, Le 15. d'Avril defirant cognoiftre l'heure, je treuve la hauteur du
Soleil de trente degrez avant midy. Ainfi
je mets le cinquiefme du Taureau (qui eft
le degré du Soleil) en telle hauteur entre

E ij

les Almicantaraths de la partie Orientale:
& fur iceluy degré applique la reigle, laquelle me monſtre à la marge de l'inſtrument eſtre environ huiƈt heures de matin.

gg *En c'eſt Exemple eſt encor employé le 5.*
du Taureau pour le 25. d'Aries, tellement qu'on
trouve environ huiƈt heures du matin: mais en
appliquant auiourd'huy le 25. degré d'Aries, qui
eſt le degré qui reſpond au 15. d'Avril, on trou-
uera 8. heures & 16. minutes.

Huiƈtieſme propoſition.

Sçavoir de iour les Heures inegales.

Semblablement apres avoir dirigé le
degré du Soleil en ſa hauteur, ou à l'en-
droiƈt de l'heure egale, qui eſt alors, le Nadirh du Soleil vous móſtrera ſoubs l'Horizon l'heure inegale entre les arcs deſcrits pour leſdiƈtes heures.

hh Comme par l'exemple precedent ie
regarde à huiƈt heures du matin ou chét le
5 du Scorpion (qui eſt le Nadirh du 5. du
Taureau) & le treuve ſur la troiſieſme heure inegale entre les Cercles ſoubs l'Horizon, leſquelles heures commencent en la
partie de l'Occidét, tendant par la ligne de
Minuiƈt en Orient, comme il eſt diƈt cy
deuant. Par ainſi le degré oppoſite du So-

leil me monftre trois heures inegales &
demie.

hh En l'Exemple de la propofition precedente, nous avons montré, qu'au lieu de trouver iuftement 8. heures, on en trouve 8. & 16. minutes. Et faut fçavoir qu'eftant iuftement 8. heures
il fe trouvoit iuftement 3. heures inegales: mais il
dit environ 8. heures & trouve 3. heures & demie inegale ce qui n'eft pas, car il faudroit qu'il fuft
iuftement 8. heures & 40. minutes afin de trouver trois heures & demye, & il eft certain qu'appliquant le 5. degré du Taureau, on trouveroit iuftement 8. heures, & pourtant le mot environ ny
eft pas bon.

Neufiefme propofition.

Cognoiftre les heures egales & inegales de nuiçt par les Eftoilles.

Quand on veut par les Eftoilles fçavoir
de nuiçt les heures, prenez (cóme il eft diçt
par la quatriefme) la hauteur d'vne Eftoille defcrite, ou mife en l'Aftrolabe, & ad-
dreffez fa hauteur entre les Almicátaraths
felon qu'on l'aura trouvé au dos dudiçt
Aftrolabe, apres amenez la reigle par le
degré du Soleil, & icelle vous monftrera
l'heure egale en la marge, comme iceluy
mefme degré vous enfeignera les heures

inegales entreles arcs defcripts fousl'Horizon : Car il faut entendre que le degré
du Soleil monftre de nuict les heures des
Planettes dictes inegales, cóme fon degré
oppofite le monftroit de iour.

Exéple, Le quinziefme d'Avril i'ay trouvé de nuict l'eftoille Spica Virginis, eleueo
de trête degrez en la partie d'Orient, parquoy j'adreffe l'extremité, ou la poincte
d'icelle fur ladicte hauteur, & apres mets
la reigle fur le degré du Soleil, cinquiefme du Taureau, laquelle me monftre en
la marge de l'inftrument 9. heures, & environ demie apres midy dedans Paris.
Semblablement par le mefme degré du
kk Soleil entre les heures inegales appert
eftre trois heures inegales, nő encores ac-
complies apres le Soleil couché. Ainfi
pourrez vous faire de toutes les autres
Eftoilles defcrites en voftre Araigne du
Zodiaque, en obfervant la hauteur d'icelles.

ii Faut encore prendre le 25. d'Aries, pour le
5. degré du Taureau, pour les raifons fufdictes, &
partant on trouvera au lieu de 9. heures & enuiron demie, pres de 10. heures.

kk Noftre Auteur nous trouve pres de 3.

heures inegales, mais il y a vne grand faute en ce
lieu, car il deuroit dire 4. heures & quelques mi-
nutes. Mais posant sur le 25. degré d'Aries, on
trouvera pres de 5. heures inegales.

Dixiesme proposition.

Trouver l'heure inegale par vn quadran,
mis au dos de l'Astrolabe.

Vous pouvez aussi observer les heures
inegales, auec vn quadran descrit au dos
de l'Astrolabe, pres la ligne de l'Horizon
par six petits Arcs, non pas si iustement,
mais est ledict Quadran general pour toutes regions : pour lesquelles l'on n'auroit
tables descrites, en prenant la hauteur du
Soleil à midy par la cinquiesme proposition, & sur icelle mettant les degrez d'altitude, faudra noter en quel poinct la ligne
de six heures couppe icelle reigle, & celuy
poinct marquer de cire, ou encre, laquelle
marque vous seruira pour deux ou trois
iours. Apres pendez vostre Astrolabe en
la main, & faictes que les rayons du Soleil passent les trouz des Pinules de la reigle, & telle marque vous monstrera les

E iiij

heures inegales entre leurs arcs & Cercles: & les egales aussi si elles y estoiét descriptes, combien qu'elles ne peuuent estre vniuerselles comme les inegales.

Exemple, Le quinziesme d'Auril ie trouue la hauteur du Soleil à midy de 52. *& non pour les raisons cy dessus dictes* de cinquante-cinq degrez, parquoy en telle hauteur, adressant la reigle du dos, ie marque le point où elle touche la ligne de six heures: puis après pour cognoistre l'heure inegale, ie dirige la reigle iusques à ce que les rayons du Soleil passent par les trouz des deux Pinules, qui se trouué eleuée de 33. degrez, lors voy icelle marque tomber presque sur trois heures inegales, & sur huict heures & douze minutes entre les heures egales, qui sont descriptes pour l'elevation de 48. degrez.

Vnziesme proposition.

Sçavoir quel Planette domine & regne
à chacune heure du iour
& de la nuict.

A cause que nous avons parlé des heures *ll* inegales, qui sont attribuées aux

sept Planettes, le lieu requiert donner à
cognoistre à toutes heures, tant de iour
qué de nuict, quel Planette regne. Doncques faut entendre qu'il y a deux differences d'heures, à sçavoir la cõmune ou vulgaire, qui se faict par les heures egales, desquelles *mm* chacune contient la 24 partie du iour naturel. L'autre est particuliere
aux Physiciens, qui se refere aux natures,
& qualitez des Planettes, à ceste cause sõt
appellées heures naturelles ou inegales:
pource *nn* qu'elles font la douziesme partie des iours, & des nuicts Artificiels, qui
font le plus souvent inegaux l'vn de l'autre, & ne respondent les heures du iour à
celles de la nuict, ains font plus longues,
ou plus briefues, sinon au commécement
des deux Equinoxes, ou le iour, & la nuict
font *oo* faicts de douze heures egales par
tout le monde.

¶ *Heures inegales. Il faut sçavoir que les
Naturalistes, divisent le iour Artificiel, soit long
ou bref, en 12. parties egales, & la nuict semblablement: les Iuifs observoient en leurs iours, vne
telle division: mais comme il a esté dit cy dessus,
fueillet 28. ceux qui ont la Sphere Oblique ont
tousiours leurs iours Artificiels & semblablemẽt*

leurs nuicts Artificielles d'inegale grandeur excepté au temps de l'Equinoxe: telles heures font
appellees inegales, pour deux raifons principales.
La premiere ; entant que les heures du iour font
inegales à celles de la nuict, & au contraire, La
feconde ; entant que celles du iour d'aujourd'huy
font moindres que celles du iour de demain, (d'autant que le Soleil eft aux fignes montans,) que s'il
eftoit aux fignes defcendans, ce feroit au contraire. Elles font aufsi appellees heures des Planettes,
d'autant que les Aftrologues Iudiciaires tiennent
que chacune des 7. Planettes reignent l'vne apres
l'autre la 12 partie du iour Artificiel & fembla-
blemènt la nuict. Ils atribuent au Soleil la premiere heure inegale du iour Artificiel du Dimenche, & celle du Lundy à la Lune, & ainfi des
autres, comme la table fuivante le demonftre.

mm Le iour naturel eft la revolution, vne fois
faicte de l'Equinoctial à l'entour du monde, avec
cefte mefme partie dudit Cercle que le Soleil aduance chaque iour, par fon propre mouvement,
foubs la ligne Eclyptique.

nn Par le iour Artificiel eft entendu le temps
que le Soleil eft fur noftre Horizon : & par la
nuict Artificielle le temps qu'il eft foubs ledit
Horizon.

oo De dire que l'Equinoxe (lors que le Soleil·

decrit l'Equinoctial) soit par tout le monde, est
vn mot trop general & lequel on pourroit ar-
guer de faux : Car l'Equinoxe ne peut estre que là
où l'Equinoctial & l'Horizon s'entre-coupent
& par leur intersection, ils font Angles Spheraux
Droicts ; en la Sphere Droicte & Oblique, en la
Sphere Oblique. Mais ou l'Equinoctial & l'Horizon ne se coupent point, ains ne font qu'vn
seul Cercle, comme en la Sphere Parallele, ils ne
peuvent avoir vn iour de 12. heures, ny vne
nuict de pareille longueur. Et la raison est qu'en
tels lieux lors que le Soleil commence à môter sur
leur Horizõ il y demeure six mois d'vne suitte &
aussi lors qu'il commence à leur disparoistre, ils le
perdent pour vn pareil temps. Que si par ces six
mois de iour & six de nuict, on veut faire l'E-
quinoxe comme veulent quelques vns? ie respons
que les six mois, de iour, du Pole Septentrional,
contiennent 186. iours, & les six mois de nuict,
ne contiennent que 179. iours; qui font ensemble
365. iours : & partant l'Equinoxe ny est qu'en
egalité de mois, & non en egalité de temps, qui est
pourtant où il le faut prendre : & par ainsi l'obje-
ction ne faict rien contre nous.

Et pour cognoistre en quelle puissance
& domination des Planettes, est vne chacune heure. Avons icy ordonné vne table,
de laquelle l'vsage est tel.

Il faut regarder à quel iour nous sommes de la sepmaine descript à la main senestre de la table ensuivāte, & quelle heure inegale du iour nous tenons; lesquelles
trouverez en la partie d'enhaut d'icelle table, distinguées par deux sortes de nombre: l'vn de chiffre, pour les heures du iour
& l'autre vulgaire pour celles de la nuict.
Ce faict, vous convient d'iceluy nombre
descendre à l'Angle commun au droict de
voſtre iour, ou se trouvera le Carractere
du Planette, qui lors domine.

Table pour trouver l'Heure des sept
Planettes.

Heures du iour	I	2	3	4	5	6	7	8	9	10	11	12		
Heures de nuit	iii	iiii	v	vi	vii	viii	ix	x	xi	xi	o	o	i	ii
1 Dimanche	☉	♀	☿	☽	♄	♃	♂	☉	♀	☿	☽	♄	♃	♂
2 Lundi	☽	♄	♃	♂	☉	♀	☿	☽	♄	♃	♂	☉	♀	☿
3 Mardi	♂	☉	♀	☿	☽	♄	♃	♂	☉	♀	☿	☽	♄	♃
4 Mercredi	☿	☽	♄	♃	♂	☉	♀	☿	☽	♄	♃	♂	☉	♀
5 Ieudi	♃	♂	☉	♀	☿	☽	♄	♃	♂	☉	♀	☿	☽	♄
6 Vendredy	♀	☿	☽	♄	♃	♂	☉	♀	☿	☽	♄	♃	♂	☉
7 Samedy	♄	♃	♂	☉	♀	☿	☽	♄	♃	♂	☉	♀	☿	☽

℘ *Si quelqu'vn desiroit sçauoir la raison pour-*
quoy les Planettes ne sont pas rangees aux iours
de la sepmaine selon leur ordre au Ciel, il faut qu'il

ſçache que la premiere heure du iour du Dimenche
appartient au Soleil & que ceſte premiere heure
commence à Soleil leuant, depuis lequel temps iuſqu'à ce qu'il ſe leue le Lundy il y a 24. heures : &
que les Planettes qui ſont 7. reignant chacune
l'vn apres l'autre, vne de ces 24. parties; D'où
s'enſuit que les 7. Planettes reignent durant ce
temps chacune 3. fois & pour faire 24. il en faut
encor trois, car 3. fois 7. font 21. & pourtant en
prenant le ☉ pour faire 22. ♀ pour faire 23. &
☿ pour faire 24. La Lune ſe trouvera en ſuitte
pour la premiere heure du Lundy : & ainſi des
autres.

Exemple, Le iour du Dimanche ie veux
ſçavoir quel Planette domine à quatre
heures inegales de iour. Ie viens à la table
trouver le iour du Dimanche à main ſeneſtre, & le nombre 4. au front de la table
eſcript en chiffre. Apres en deſcendant en
bas iuſques à l'Angle commun au droiƈt
du Dimanche, ie trouve ce Carraƈtere ☽,
qui me denote eſtre l'heure de la Lune. Et
ſi c'eſtoit de nuiƈt, ie prendrois ce nombre
iiij. vulgaire : & en deſcendant à l'Angle
commun , ie trouve le Carraƈtere de Venus, qui domine à quatre heures de nuiƈt.
Et ainſi conſequemment des autres heu-

res du iour & de la nuiſt.

Douzieſme propoſition.

Cognoiſtre le commencement du Crepuſculine Matutin, & la fin du Veſpertin.

Par le commencement du Crepuſcule Matutin , entendons l'aube du iour , ou le point auquel le iour commence à apparoir: & par le Veſpertin , la fin du iour vulgaire, & le commencement de la nuiſt obſcure. Et pour cognoiſtre chacun iour la fin ou commencement deſdiſts Crepuſcules, dirigez le degré du Soleil, auecques la petite reigle ſur la ligne Crepuſculine, ſi elle eſt portraite en l'Aſtrolabe du coſté d'Orient, icelle vous môſtrera l'heure que commence le Crepuſcule matutin. Parcillement trouverez le Veſpertin en appliquant le degré & reigle ſur la partie Occidentale de la ligne Crepuſculine. Et ſi ladiſte ligne n'eſt en l'inſtrument, mettez le degré oppoſite du Soleil ſur le 18. degré de hauteur entre les Almicantaraths , vers la partie d'Occident, la reigle miſe ſur le degré du Soleil vous monſtrera entre les heures egales, le commencement du Crepuſcule Matutin. Ainſi lediſt degré oppo-

fite, affis fur le 18. Almicantarath en la partie d'Orient , la reigle dreffee fur le degré
du Soleil, denotera au limbe l'heure & minutes que ledict Crepufcule Vefpertin fi-
nira.

¶ Exemple , Pour fçauoir au 15. iour
d'Avril le cômencement de l'aube du iour
ie mets le 5. du Scorpion (oppofite au 5.
du Taureau ou eft le Soleil) fur le 18. Almicantarath vers Occident , puis j'applique la reigle fur le 5. du Taureau, laquelle
me monftre au bord de l'Aftrolabe 2. heures & 42. minutes. Ie dis donc que le iour
commence à poindre prefque à trois heures apres minuict. Semblablement fi ie
mets le 5. du Scorpion au 18. Almicantarath du cofté d'Orient , & la reigle fur le
cinquiefme du Taureau vers Occident, ie
verray que le Crepufcule du foir termine-
ra à neuf heures & prefque vn quart apres
midy. Cefte derniere maniere eft meilleure & plus feure que la premiere qui fe
fait par la ligne Crepufculine.

¶ Auiourd huy 1617. annee de Biffexte (car elle
dure iufqu'au dernier de Feurier) le 15. iour d'A-
uril refpond au 24. degré d'Aries & non au 5. du
Taureau : femblablement fon degré oppofite , eft

le 25. degré de Libra, & non le 5. du Scorpion &
partant à tel temps on trouvera que le Crepuscule matutin commence à 3. heures 12. minutes.
Que si on se vouloit servir du 5. degré du Taureau
& du 5. du Scorpion. Il faudroit estre au 25. iour
d'Avril. Et le Crepuscule commenceroit à 2. heures 44. minutes.

Treiziesme proposition.

Sçavoir la quantité du Crepuscule
matutin, & vespertin.

Le Crepuscule est trouvé en deux differences (comme il est dict.) La quantité, ou
durée de temps du Crepuscule matutin,
est le temps depuis le poinct du iour, iusques au Soleil levant : estant egal au Crepuscule vespertin, qui se mesure depuis le
Soleil couché, iusques à la nuict obscure.
Lesquels Crepuscules, les vulgaires attri-
buent au iour Artificiel, & les Philosophes
à la nuict. Et pour cognoistre chacun iour
combien dure le Crepuscule matutin : faut
sçavoir par la doctrine precedente à quelle heure il commence, & par la 14. l'heure
que le Soleil se leue, & la difference des
deux Temps notée au Cercle des heures,
vous donnera la quantité dudict Crepuscule matutin, auquel est tousiours egal, le
vespertin

vespertin du mesme iour.

Exemple, Voulant sçauoir combien dure le Crepuscule matutin du quinzieme d'Auril: ie mets ʳʳ le 5.du Taureau sur la ligne Crepusculine, auec la petite reigle en la partie d'Orient, suiuant la maniere qui a esté obseruée en la precedente, & trouué qu'il commence enuiron trois heures au limbe de l'instrument: apres ie transporte ledict degré, ensemble la reigle sur nostre Horizon Oriental, ou ie voy pareillemét audict limbe le Soleil leuer 4.minutes, deuant cinq heures, parquoy apperçoy icelle durée estre de deux heures egales & vn quart, laquelle est semblable à la Vespertine, qui sera deux heures, depuis le Soleil couché, iusques à la fin du iour: Car la quátité de l'vn cogneuë, l'on cognoist facilement l'autre.

ʳʳ Suiuant ce qui a esté dict en la lettre NN. nous posons le 15. degré d'Aries sur l'Horizon Oblique, qui me marque le Soleil ce leuer à 5.heures 12. minutes & par la precedente le Crepuscule commençoit à 3. heures 12. minutes & partant la durée du Crepuscule matutin sera de 2. heures & le vespertin suiuant le texte, luy sera egal. Mais en prenant le 5. degré du Taureau qui

seroit le 25. d'Auril on trouveroit le Crepuscule
estre de 2. heures 15. minutes suiuant le texte.

Quatorziesme proposition.

Sçauoir l'heure que le Soleil se leue,
ou couche chacun iour.

Mettez le degté du Soleil sur l'Horizõ
Oblique de vostre table en la partie d'O-
rient, & en appliquant vostre reigle dessus, elle vous monstrera au limbe l'heure
que le Soleil se leue, en toutes regions de
latitude semblable à vostre table ou prochaine: & en transportant ladicte reigle,
auec le degré du Soleil sur l'Horizon en
la partie Occidentale: semblablemēt vous
demonstre à quelle heure le Soleil se couchera.

ss Exemple, En mettant le 5. du Taureau
sur l'Horizon Oblique, en la partie Orientale, ie voy que le Soleil se leue presque à
cinq heures, & en le retirant en la partie
Occidentale, ie cognois aussi qu'il se couche presque à sept heures.

ss C'est Exemple est vray si on surentend le
25, d'Auril: mais si on dict le 15. il ne seroit pas

bon, à cause que le 15. d'Auril ne respond pas
auiourd'huy au 5. degré du Taureau, ains au 25.
degré d'Aries : comme il a esté dit en la 13. proposition.

Quinziesme proposition.

Mesurer la quantité du iour Arti-
ficiel, & de la nuict.

Par la quantité du iour, entendons l'espace tt de temps, depuis le leuer du
Soleil, iusques au coucher, lequel est mesuré en l'arc Equinoctial, montant sur
l'Horizon, auec la moitié du Zodiacque,
commençant au degré du Soleil, iusques
au Nadirh d'iceluy, selô l'ordre des signes.
Et pour cognoistre icelle quantité, mettez
en Orient le degré du Soleil sur le premier
Almicantarath, ou sur l'Horizon Oblique, puis faictes tourner le degré du Soleil
auec ladicte reigle, & arrestez la reigle &
le degré sur l'Horizon Occidental, en notant bien le lieu que touche la petite reigle és degrez du limbe, & le mouvement
de la reigle, depuis le poinct d'Orient, iusques à celuy d'Occident, au Cercle des
heures est l'Arc iournel, ou quantité du

iour Artificiel, & le reſte dudit Cercle eſt
celuy de la nuiᵈt:car ſes deux Arcs enſemble contiennent 360. degrez, ꝯ qui eſt
enuiron la quantité du iour naturel.

Exemple, Le cinquieſme degré du
Taureau, mis ſur l'Horizor. Oblique en
Oriᵉt,me mõſtre auec la reigle,quele Soleil leuera à cinq heures,. & iceluy tranſ-
porté en Occident ſur l'Horizon auec i-
celle reigle,ie voy ſon coucher eſtre à ſept
heures, donc ie dis l'Arc ou quantité du
iour eſtre de 14. heures,& celuy de la nuiᵈt
de 10. heures, qui eſt le reſte du iour naturel.

Ce que pourrez trouuer plus facilemẽt
en comptant depuis le leuer du Soleil,iuſ-
ques à la ligne de midy : Car icelle eſpace
vous monſtrera la moitié du iour,lequel
doublé en prouiendra le iour entier. Pareillement ſi vous comptez depuis icelle
note iuſques à la ligne de minuiᵈt, aurez
la moitié de la nuiᵈt,dont le double monſtrera la nuiᵈt entiere.

Exemple, En mettant le 5. du Taureau
ſur l'Horizon Oblique à la table de 48.
d'eleuation,ie trouue le Soleil leuer à cinq
heures : pourquoy ie compte depuis ceſte

note iusques a la ligne de midy, on trouve
le demy Arc iournel estre de sept heures:
puis en doublant iceluy, cognois tout le
iour estre, & contenir 14. heures entieres:
Semblablement ie trouue depuis le poinct
que touche la reigle iusques à la ligne de
minuict, la quantité & moitié de la nuict
estre de cinq heures, icelle doublée en vie-
dra dix heures , pour la quantité de la
nuict.

tt *Plusieurs, ausquels i'ay eu l'honneur d'ensei-*
gner; ont trouvé le discours de ceste proposition
trop ample, & toutefois obscur: & pourtant ie la
proposeray le plus briefuement & clairement qu'il
me sera possible pour satisfaire à leur desir. Pour
doncques sçauoir la quantité ou durée du iour Ar-
tificiel (or du iour Artificiel il en a esté parlé en
la lettre KK) Il faut poser le degré du Soleil sur
l'Horizon Oblique du costé d'Orient & l'Al-
muri posé dessus nous marque l'heure de son le-
uer (ainsi qui a esté dit en la precedente): qui est le
commencement du iour Artificiel, & la mesme
chose obseruée en la partie d'Occident nous don-
nera l'heure de son coucher; qui est la fin dudit
iour Artificiel. Et l'Arc du Cercle compris de-
puis le poinct du leuer passant , par midy iusqu'au
poinct du coucher est le iour Artificiel & le reste

du Cercle eſt la nuict *Artificielle*. Il faut noter que le 5. degré du *Taureau* rapporté aux deux *Exemples* de ceſte propoſition reſſonde au 25. iour d'*Auril*.

uu *Iacquinot* dit icy que le Cercle qui contiĕt 360. eſt enuiron la quantité d'vn iour *Naturel* ce qui pourroit ſembler rude à ceux qui ne ſont bien verſez en la *Sphere* : mais ſuiuant la defini-tion du iour *Naturel* que i'ay apportée en la let-tre II. il eſt manifeſte que le iour *Naturel* con-tient plus que le Cercle *& ce* plus eſt la partie que le *Soleil* aduance chaque iour en ſon propre mouuement *&* par la doĉtrine des *Aſſenſions & Deſſenſions* des ſignes, leſdits iours ſont ine-gaux : à cauſe de l'inegalité du leuer ou monter des degrez de l'*Ecclyptique* ſur l'*Horizon*.

Saiziéſme propoſition.

Cognoiſtre l'Arc du iour & de la nuiĉt des Eſtoilles.

L'Arc iournel des *Eſtoilles* s'appelle l'e-ſpace de temps: durant lequel elles paſſent d'Orient par midy en Occident, en quel-que heure que ce ſoit, ou de iour ou de nuiĉt. Et l'Arc noĉturne l'eſpace qu'elles demeurent deſſoubs l'*Horizon*, leſquelles

efpaces fe mefurent par les degrez de l'E-
quateur, defcripts au bord de l'Aftrolabe:
pour laquelle chofe cognoiftre, mettez la
poincte des Eftoilles qui couchent ou leuent fur l'Horizon Oblique, auec la reigle,
en marquant le lieu au limbe, que ladicte
reigle touche: puis comptez de cefte note
iufques à la ligne de midy, & vous aurez
la moitié de l'Arc Diurnel d'icelle Eftoille, lequel pris deux fois monftrera l'Arc
entier, qui eft le temps qu'il demeure fur
noftre Hemifphere.

Exemple, Ie mets le bout de l'Eftoille
Spica virginis fur l'Horizon oblique d'O-
rient, en appliquant la reigle deffus, cela
me monftre à la circonference de l'inftrument l'heure & minute qu'elle commence à foy efleuer fur noftre Horizon, à fçauoir fix heures 40. minutes dedans Paris, duquel poinct ie compte iufques à la
ligne de midy, & trouue le demy Arc
Diurnel eftre de cinq heures & 20. minutes: lequel Arc ie double, & en prouient
dix heures 40. minutes, qui eft l'efpace de
temps, qu'elle met à paffer d'Orient en
Occident: & le refte de 24. heures, à fçauoir 13. heures, & 20. minutes, fera la quá-

F iiij

tité qu'icelle Estoille demeure soubs nostre Horizon.

Dixseptiesme proposition.

Compter quantes heures egales sont pas-
sees de iour depuis le leuer, ou de nuict
depuis le coucher du Soleil.

Pour sçauoir quantes heures sont passées
depuis le Soleil leuant iusques à l'heure de
vostre consideration, appliquez le degré
où est le Soleil, & la reigle sur l'Almicantarath, suiuant la hauteur du Soleil que
vous auez trouuée au dos de l'instrument,
& marquez vers la partie d'Orient ou
d'Occident au bord de l'Astrolabe, le lieu
de la reigle, puis rapportez le lieu du Soleil sur l'Horizon Oriental, ou bien Occidental. Ce faict, comptez au bord de
l'instrument les degrez qui sont entre la
premiere & seconde marque, lesquels conuertiz en heures & minutes d'heures
vous monstrent le temps que le Soleil à
employé depuis son leuant iusques à la
premiere marque. Tout le semblable vous
ferez pour sçauoir de nuict le nombre des
heures egales qui se trouueront entre le

temps par vous arresté, & l'Occident.

Exemple , soit le Soleil trouué le 15.
d'Auril xx au 5. degré du Taureau, auãt
midy sa hauteur soit trouuée de 35. degrez,
lesquels nombrez en l'Almicantarath , ie
mets sur semblable hauteur le lieu du Soleil, sçauoir est le 5. du Taureau, & quant &
quant la reigle qui me monstre au bord de
l'instrument 8. heures, & presque demie.
Ie marque ce lieu d'ancre ou de cire, & rap-
portant le degré du Soleil , & la reigle sur
l'Horizon Oriental , ie voy que la reigle
monstre au bord presque cinq heures. Ie
trouue donc entre la premiere marque &
la reigle 54. degrez , qui me font dire que
le Soleil depuis son leuãt, iusques à la hauteur des 35. degrez, à employé trois heures
& 36. minutes: car les 15. degrez de l'E-
quateur font vne heure egale, & vn degré
faiçt 4. minutes de temps.

xx D'autãt qu'auiourd'huy (cõme il a esté dit cy
dessus) le 15. iourd' Auril ne respõd pas au 5. degré
du Taureau ains au 25. d'Aries: & le 5. du Taureau respond au 25. iour d'Auril: c'est pourquoy à
fin que l'Exemple apporté par nostre Auteur soit
veritable, il le faut rapporter au 25. iour d'Auril
& non au 15. Que si on veut sçauoir quantes heu-

res ce font paſſées depuis le leuer du Soleil iuſqu'à
ce qu'il ſoit eſleué de 35. degrez ſur l'Horizon le
15. iour d'Auril nous nous ſeruirons du 25. degré
d'Aries & trouuerons 3. heures 58. minutes.

Dixhuictieſme propoſition.

Reduire les heures egales, qu'on ap-
pelle heures d'Horologe en
heures inegales.

Reduction des heures egales à inegales,
ou au contraire, eſt proprement par la cognoiſſance des vnes, venir à la cognoiſſance des autres. Ce qui ſe peut practiquer
par l'Aſtrolabe en ceſte maniere.

Premierement, Pour reduire les heures
egales à inegales, faut adreſſer yy le degré du Soleil, auec la reigle endroict l'heure egale qui ſera lors: & apres ſi c'eſt de iour
regarder au Nadirh du Soleil quelle heure
inegale il monſtre entre les Cercles d'i-
celles: Où ſi c'eſt de nuict au meſme degré du Soleil, ce faiſant vous ſçaurez quelle heure inegale il ſera.

Exemple, Poſons le cas que voulions
reduire 4 h. egales en inegales, c'eſt à dire,

cognoistre alors quelle heure inegale il sera: faut radresser le reigle auec le degré du
Soleil, qui est le 5. du Taureau, sur quatre
heures egales apres midy: puis regarder an
Nadirh du Soleil, qui est le cinquiesme du
Scorpion, soubs l'Horizon qui me monstre 10. heures inegales: mais si c'estoit de
nuict, adonc faudroit regarder au degré
du Soleil, & non au Nadirh, comme il est
dit deuant. Au contraire, pour reduire les
inegales aux egales, faut adresser le Nadirh
du Soleil sur quelque heure inegale: puis
mettra la reigle sur le degré du Soleil, &
elle vous monstrera au limbe l'heure egale, respondante à l'heure inegale. Mais si
c'est de nuict, faudroit sous icelle adresser
le degré du Soleil, & non son Nadirh.

*yy Il n'est besoing de se seruir du degré du So-
leil, car puis qu'on cognoist quelle heure il est, il
n'est besoing du degré auquel est le Soleil & la
raison est, que les heures inegales, ne sont pas dans
l'Araigne du Zodiaque, & qu'icelle Araigne est
Mobile: mais les heures inegales sont en la Table
de la region, soubs l'Horizon Oblique, & les
heures egales au limbe de l'instrument.*

Dixneufiefme propofition.

Sçauoir tous les iours l'heure que fe leuent ou couchent les Eftoilles defcrites en l'Aftrolabe.

Ce Canon s'entend feulement des E-
ftoilles qui fe leuent & couchent, & non
de celles qui demeurent toufiours foubs
l'Horizon, à fçauoir les plus prochaines
du Pole. Pour cognoiftre doncques le leuer & coucher des deffufdictes, mettez la
poincte d'icelle fur l'Horizon Oriental de
voftre region, & la reigle pofée fur le degré du Soleil, vous monftrera au bord de
l'inftrument l'heure & minutes qu'elles fe
leuent. Semblablement en les tournant
fur l'Horizon en la partie d'Occident, ledict degré du Soleil, auec la reigle, vous
demonftre l'heure de leur coucher dedans
le Cercle des heures.

Exemple, Si ie veux fçauoir à quelle
heure fe leue Spica virginis, ie mets la
poincte d'icelle fur noftre Horizon Orié-
tal, & en pofant la reigle fur le 5. de Taurus (ou fuppofons eftre le Soleil ce iour) ie

cognois qu'elle se leue entre cinq & six
apres midy : & en la tournant en la partie
Occidentale sur ledict Horizon, se trouve
coucher ce iour enuiron 4. heures du
matin.

Vingtiesme proposition.

Cognoistre auec quelque degré du Zo-diacque chasque Estoille se leue, ou couche, & passe par le midy.

Il conuient adresser la poincte de l'E-
stoille sur l'Horizon oblique, en la partie
Orientale, & le degré du Zodiacque, qui
sera trouué sur iceluy Horizon, est le degré qui s'esleue auecques elle. Semblablement pour sçauoir auec quel degré elle
couche, la faut transporter en la partie
Occidentale. Aussi pour auoir le degré
auecques lequel vient à midy, la conuient
diriger sur la ligne de midy, & le degré qui
tombera sur ladicte ligne, est celuy auec
qui elle passe au milieu du Ciel. Notez
qu'en la Sphere droicte le mesme degré,
auecques lequel, l'Estoille vient à midy,
est celuy auec qui elle couche & leue.

Exemple, Ie mets la poincte de l'Estoil-

le Spica virginis, fur l'Horizon Oblique
vers Orient, ce faict i'apperçoy qu'elle se
leue auec le 18. degré & quarante minutes
du figne de Libra, & en la ramenant en
Occident fur ledict Horizon, ie trouue
qu'elle couche auec le neufiefme dudict figne. Pareillement ie trouue le 16. de Libra auecques elle, au milieu du Ciel, lequel degré viendra enfemble à l'Horizon
Droict, tant en Orient qu'en Occident.

Vingt & xniefme propofition.

Trouuer le Zenith Oriental ou Occidental du Soleil ou des Eftoilles.

Par le Zenith en ce lieu entendons
l'Arc de l'Horizon, qui fe trouue entre le
vray Orient ou Occidēt, & le poinct auec
lequel le Soleil, ou vne des Eftoilles s'efle-
uent ou couchent. Parquoy faut noter qu'entre les Cercles Verticaux, nommez par les
Arabes Azimuths en y a deux principaux,
à fçauoir le Meridien, & celuy qui paffe du
vray Orient par noftre poinct Vertical au
vray Occident, que nous auons nommé
Azimuth Equinoctial, lequel auec le Me-

ridien, diuiſe noſtre Hemiſphere, & l'Horizon Oblique en quatre quarts, chacun
deſquels eſt diuiſé en nonante degrez, dőt
les nombres d'iceux commencent communement à l'Azimuth Equinoɛtial, tendant vers Midy & Septentrion iuſques à
nonante degrez.

Pour cognoiſtre doncques iceluy Zenith (que nos Doɛteurs nomment Amplitude Orientale ou Occidentale) mettez le degré du Soleil ou l'extremité de
l'Eſtoille ſur l'Horizon Oriental, ou Occidental, & les Cercles Verticaux dits A-
zimuths, vous demonſtreront leurs diſtă-
ces du vray Orient ou Occident, en commençant depuis le vray Azimuth Equinoɛtial, tant de la partie d'Orient que Occident, ſelon la valeur d'vn chacun interualle deſdiɛts Azimuths enſuiuans.

Exemple, Voulant ſçauoir de combien
eſt le Zenith, ou l'Amplitude Orientale
du 5. degré du Taureau, ie mets ledit degré ſur l'Aprizon Oblique en Orient, puis
ie compte de l'Azimuth Equinoɛtial, iuſques au lieu ou eſt lediɛt degré, tirant en
Septentrion, ou ie trouue enuiron l'eſpace de deux Azimuths en la table, où ils

font defcrits chacun de dix degrez, & par ce moyen ie cognois là diftanre d'entrele poinƈ ou leue ledit degré, & le vray Orient eftre enuiron 20. degrez en la quarte Orientale de Septentrion, qui eft l'Amplitude Boreale du Soleil, lors qu'il eft à ce degré. Ainfi faut proceder pour trouuer le Zenith de l'Occident en la partie Occidentale de noftre Horizon.

Et faut entendre (comme il eft diƈ) fi lefdiƈtes parties tombent dedans l'Equinoƈtial vers le Pole Ourfin qu'elles font Septentrionales, & dehors Meridionales.

Vingt & deuxiefme propofition.

Cognoiftre le Zenith de la hauteur du Soleil, ou des Eftoilles.

Entre le Zenith des hauteurs, & l'Oriƃtal, ou Occidental eft telle difference, que celuy des hauteurs ne fe prend au leuer, ou coucher comme l'autre, mais feulemƃt quand le Soleil ou Eftoilles font efleuez fur noftre Horizon, & demonftre combiƃ elles font loing de l'vne des quartes, & en laquelle d'icelles, qui fe trouue en cefte manie-

maniere. Prenez par le dos de l'Astrolabe l'Altitude du Soleil, ou de l'Estoille dont voulez sçauoir le Zenith de hauteur, en adressant son degré sur les Almicantaraths en mesme Altitude que l'aurez trouué: puis prenez garde sur quants Azimuthz cherra ledict degré ou Estoille, en comptant depuis l'Azimuth Equinoctial, iusques à l'Azimuth sur lequel il se trouuera:& iceluy vous monstrera son Zenith,& en quelle quarte & distance, laquelle sera Orientale, Septentrionale, ou Orientale Australe, ou Occidentale Septentrionale, ou bien Occidentale Australe.

1 Exemple, Le 15. d'Avril le Soleil estāt esleué de 40. degrez, ie mets son degré (qui est le 5. du Taureau) entre les Almicantaraths en sa hauteur du costé d'Oriēt, & trouve en la quarte Orientale de Midy son Amplitude estre de 28. degrez Horizontaux, qui font 28. Azimuths : & ainsi faut faire des Estoilles en prenant leurs hauteurs, & les disposant comme le degré du Soleil.

1 *D'autant que pour les raisons sus dictes, il faut prendre le 25. d'Aries, au lieu du 5. du Taureau, pour le, 15. d'Avril on trouvera 36. degrez*

G

Horizontaux, au lieu de 28. ainsi qu'il y a en l'Exemple de nostre Auteur.

Vingt & troisiesme proposition.

Cognoistre en tous Pays & Regions les quatres parties du monde, à sçauoir Orient, Occident, Midy, & Septentrion.

2 Nous le pourrons cognoistre en plusieurs & diuerses manieres. Premierement par vn petit Quadran à Aiguille, que l'on peut mettre au dos de l'Astrolabe, en sorte que la ligne & partie Meridionale d'iceluy Quadran, soient directement dirigées sur la Meridienne de l'Astrolabe deuers l'Anneau : puis faut tourner ledit Astrolabe (qui doit estre couché à l'Equidistance de l'Horizon) auec le Quadran , iusques à ce que l'Aiguille Mobile responde sur la ligne fixe. Alors l'extremité fourcheuë de la petite Aiguille, (qui tousiours se dirige au Pol Arctique) nous demonstrera la partie Septentrionale , ensemble la ligne de l'Astrolabe, tendant de ceste part , à l'opposite la partie Australe. Pareillement la ligne de 6 heures dudit Quadran, tant en Orient qu'en Occident, auec la ligne Transuersale de l'Astrolabe, qui

paſſe par le Centre, nous demonſtre l'Orient & l'Occident : à ſçauoir la partie ſeneſtre, l'Orient, & l'Occident, la dextre : ſuppoſé que l'Anneau de l'Aſtrolabe ſoit tourné vers Midy. La practique de ce en eſt facile, & ſe peut faire en tout temps.

2 *Ceſte façon de trouver les 4. parties du Monde n'eſt point veritable & la raiſon eſt que l'Aiguille Aymantée ſe detourne quelque peu du poinct Polaire & par conſequent tout ce qu'on baſtira ſur ceſte fauce poſion ſera touſiours faux.*

3 Autrement & plus ſeurement pourrez deſcrire vn Cercle, & au Centre d'iceluy dreſſer Perpendiculairement vne Verge egale au ſemidiametre du Cercle : & obſeruez au Matin lors que l'extremité de l'ombre d'iceletouche la circóferéce du Cercle en entrant dedans, laquelle marquerez de quelque note. Pareillement apres Midy notez le poinct par ou l'ombre de l'extremité de la Verge ſortira du Cercle, puis faut trouuer le milieu entre les deux notes, & traſſer vne ligne qui paſſant par le Centre, & le milieu de l'Arc trouué entre les deux notes, couppe tout le Cercle en deux parties egales, laquelle ligne ferez ſi longue qu'il vous plaira. Ie d'y que telle li-

gne est la vraye ligne Meridiane, laquelle
vous monstrera le vray Orient & Occidét
si vous la couppez au Centre du Cercle à
Droicts Angles : car le bout de la ligne
croisant à Droicts Angles la Meridienne,

Midy.

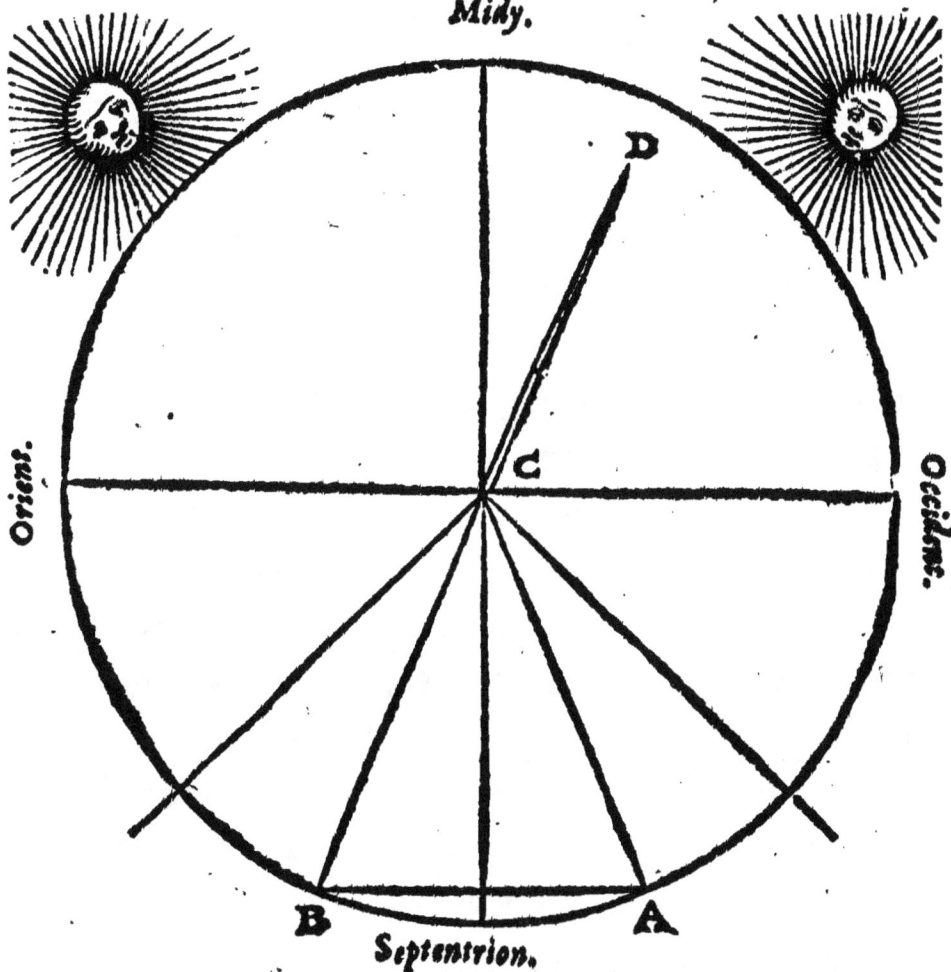

Oriens.

Occident.

B

A

Septentrion.

C   *Centre du Cercle.*
C D *La vergette esleuée Horthogonellement.*
A   *Le point deuant midy.*
B   *Celuy d'apres midy.*

vous monstre à main gauche le vray O-

rient,&l'autre bout le vray Occidět. Voy-
la l'Artifice pour trouuer les quatre Angles du Monde , ainſi qu'il appert en la figure cy deuant.

3   Quand eſt de ceſte façon de trouuer les 4. parties du Monde, quoy que la choſe ſoit tres- veritable il eſt certain que Iacquinot ne donne pas à entendre ce qui y eſt à obſeruer : Car la Verge eſtant
egale au ſemidiametre il arriuera que plus de ſix
mois de l'Année l'Ombre ne viendra poinct egale
à ſon corps : ce qui n'arriue, que quand le Soleil eſt
eſleué de 45. degrez (auquel temps les ombres
ſont égaux à leur corps ,   comme il ſera dit en
la premiere propoſition de la ſeconde partie de ce
traicté,) & pourtant afin de ce pouvoir ſeruir de
ceſte façõ toute l'Année il faudroit faire pluſieurs
Cercles & que la vergette ne fuſt que le ſemidiametre d'vn des Cercles moyens afin que l'Ombre
d'icelle peuſt toucher quelqu'vn deſdicts Cercles,
ſoit que le Soleil fuſt plus ou moins eſleué de 45.
degrez puis au reſte, faire ainſi que porte le texte :
Pour le faict des Perpendiculaires a quoy eſt requis
vn peu de Geometrie, nous n'en dirons rien à
cauſe de briefueté.

En apres ſuit vne autre maniere qui appartient proprement à l'Aſtrolabe qu'on
peut practiquer par les Azimuths, leſquels

diuife (comme il eſt dict) noſtre Hemiſphere en quatres quartes, chacune cô-
tenant 90. degrez, leſquelles ſont pareillement entenduës au dos de l'Aſtrolabe, à
ſçauoir la quarte qui eſt depuis l'extremité ſeneſtre de la Ligne Tranſverſale nommée Horizon , iuſques à la ligne de Midy
iouxte l'Armeille, nous repreſente la quarte Orientale Auſtrale. Et d'icelle Armille
iuſques à l'extremité droicte de ladicte ligne Tranſverſale, demonſtre l'Occidentale Auſtrale: La ſubſequente iuſques à la ligne de Minuict, s'appelle quarte Occidentale, Septentrionale: & la derniere de celle
ligne de minuict iuſques à la partie ſeneſtre d'icelle Tranſverſale, nous repreſente
la quarte Orientale Septentrionale : & ce
pourueu qu'ayez la face tournée vers midy.
   Pour donc obſeruer leſdictes parties,
prenez la hauteur du Soleil à telle heure
que voudrez, puis mettez le degré du Soleil en telle hauteur, entre les Almicantaraths, en conſiderant ſur quelle quarte il
cherra entre les Azimuths, & en quelle diſtance du commencement des quartes , à
ſçauoir ſur le quantieſme deſdicts Azimuths: puis couchez l'Aſtrolabe ſur la fa-

ce , & mettez l'Alhidade en semblable
quarte & hauteur qu'il a esté trouvé entre
les Almicantaraths, en faisant que l'ombre
des Pinules soit Equidistante & droicte
selon la reigle: lors aurez les quatres parties du Monde par les quatre extremitez
des deux lignes diametrales du dos, à sçauoir Midy par la ligne tendant du Centre
vers l'Anneau, & Septentrion à l'opposite:
Orient à main gauche, & Occident à droicte, par la ligne Transuersale.

4 Exemple, Le quinziesme d'Auril le
Soleil estant au 5. de Taurus ie prens sa
hauteur sur l'Horizon, laquelle trouue de
quarante degrez auant Midy, icelle dispo-
sée entre les Almicantaraths, ie trouue iceluy degré tomber au 28. Azimuth, en la
quarte Orientale Australe. Ce faict ie couche l'Astrolabe le dos en haut à l'Equidistance de l'Horizon, en sorte que la ligne
tirant du Centre à l'Armille soit vers la
partie Australe, puis l'Alhidade en semblable quarte & degrez qu'estoit le Soleil entre les Azimuths, à sçauoir sur le vingt-
huictiesme de la ligne Transversale en O-
rient, tendant vers Midy, & fais tourner
l'Astrolabe (l'Alhidade demeurant fixe)

iufques à ce que l'ombre des Pinules re-
fponde, & foit Equidiffante aux lignes de
la reigle, lors la ligne du Centre tendant à
l'Armille me monftre la partie Auftrale,
& fon oppofite la Septentrionale, & l'extremité de la ligne Tranfverfale, qui eft du
cofté feneftre, le vray Orient, comme l'autre partie, l'Occident, pourveu que la face de l'homme & l'Armille de l'Aftrolabe
foient toutnez vers Midy.

4. *En c'eft Exemple cemme aux precedents, il
faut prendre le 25. degré d'Aries au lieu du 5. du
Taureau entant qu'on face cefte obferuation le 15.
d'Avril en Année Biffextile : car s'il n'eftoit
Biffexte il faudroit prendre le 24. degré d'Aries.
Et cecy foit dit pour tous les Exemples preceděts
& les fuiuants : car auffi les Exemples de noftre
Auteur font tous pris fur l'Année 1544. Année Biffextile. Et auffi en prenant le 25. d'Aries
on trouvera le 36. AZimuth au lieu du 28.*

Vingt & quatriefme propofition.
Cognoiftre de Nuict au Ciel les Eftoilles
defcriptes en l'Aftrolabe.

Faut par la 19. cognoiftre le leuer d'i-
celles, & leur Amplitude Orientale par la
vingt & vniefme, puis à ~~certaine heure~~
examinée par vn Horologe bien iuftifié

difposerez l'Aftrolabe(comme auons demonftré aux 4. parties du Monde. Apres
dirigez la reigle du dos vers le poinct de
l'Horizon, auquel elle doit leuer, & celle
Eftoille que verrez alors efleuer par les
pertuis des Pinules fur noftre Horizon,
fera celle que vous cerchez , laquelle de-
uez obferuer par la figure des Eftoilles à
elle prochaines , ou autre figne, afin que
par elle puifliez cognoiftre l'heure de
nuict, & les autres Eftoilles à nous incogneuës. Pareillement pourrez faire quãd
l'Eftoille couchera,nõ pas fi cõmodemẽt,
à caufe qu'elle fe fepare de noftre veuë.

Exemple, Voulant cognoiftre l'Eftoille
Spica Virginis, ie regarde par l'Aftrolabe,
l'heure qu'elle fe doit leuer, & en quelle
quarte & partie du Monde, adonc ie me
tranfporte en vn lieu defcouuert, en dif-
pofant mon Aftrolabe aux quatre parties
du Monde , felon la precedente propofition,& adreffant ma reigle du dos au femblable degré de la quarte,ou l'Eftoille doit
leuer:puis regardant par les pertuis des Pinules,celle Eftoille fort claire & eftincelã-
te, que i'apperçoy lors efleuer fur noftre
Horizon , ie fuis certain que c'eft celle

dont ie cherche la cognoissance.

Autrement, faudra au soir quand le Soleil est couché, mettre la reigle dessus quel,
que heure certaine, obseruée par vn Horologe, comme deuant: & la petite reigle
assise sur l'heure, tournerez voftre Zodiaque, iusques à ce que le degré du Soleil
vienne tomber à l'endroict de ladicte reigle, alors regardez en l'Aftrolabe l'Eftoille que voudrez cognoiftre au Ciel,
quants degrez és Almicantaraths elle a
de hauteur, & en quelle partie Orientale,
ou Occidentale. En apres prenez la reigle
du dos, & la mettez fur autant de degrez,
és Cercles de hauteur du dos, comme l'E-
ftoille a eu d'Altitude és Almicantaraths:
puis pendez voftre Aftrolabe par son Anse, & regardez au Ciel de celle part que
l'Eftoille a efté trouuée, vers Orient, ou
Occident, & la plus claire Eftoille & apparente, que vous verrez iuftement à l'endroit des deux Pinules, fera celle que vous
demandez.

Exemple, Le quatriefme de Iuin, voulant cognoiftre l'Eftoille Spica Virginis, à
dix-heures au soir, prinfe par vn Horologe, i'addreffe la reigle & le degré du So-

leil (qui eſt le 22. degré 40. minutes des
Gemeaux) ſur icelle heure & l'Araigne
ainſi diſpoſée, ie treuve entre les Almicā-
taraths, l'Eſtoille eſleuée de 24. degrez en
la partie d'Occident: parquoy ie diſpoſe la
reigle du dos en telle hauteur, & me tourne vers la partie Occidentale, iuſques à ce
que par icelle diſpoſition ie puiſſe apper-
cevoir vne Eſtoille claire que ie dis eſtre
Spica Virginis.

ſ *C'eſt Exemple, comme les precedents, eſtoit
vray auant la reformation Gregorienne, & l'eſt
encor, où elle n'a point de lieu; mais ſi en la precedente Année 1616. on euſt voulu cognoiſtre l'E-
ſtoille, Spica Virginis; au temps dit par noſtre
Auteur, à ſçauoir le 4. iour de Iuin, à dix heures du ſoir il euſt fallu mettre l'Almuri ſur le 14.
degré des Gemeaux, lieu auquel eſt le Soleil audit
temps, puis adreſſer ledit degré auec l'Almuri
ſur 10. heures du ſoir & on trouuera l'Eſtoille,
Spica Virginis de pres de 29. degrez d'eleuation en la partie Occidentale Meridionale. (Mais
faut noter que ſi nous faiſions ladicte obſerua-
tion en vne Année qui ne fuſt point Biſſextile,
comme la preſente 1617. on trouueroit le degré
du Soleil au 13. degré des Gemeaux.) Aiant dõt
trouué le 29. degré de Zenith de hauteur en la*

partie Occidentale Meridionale ie pose l'Alhidade en pareille hauteur & tournant vers ceste
mesme part, par le moyen des 4. parties du Monde cy dessus trouvées proposition 23. Ie suspens
mon Astrolabe, ainsi qu'il est dit en la 4. proposition & incontinent i'apperçoy vne belle & claire Estoille que ie dits estre Spica Virginis.

Outre plus pourrez cognoistre facilement les Estoilles qui sont au zodiaque,
ou celles qui n'ont pas grande latitude, en
cognoissant à qu'elle nuict, & à quelle heure d'icelle nuict la Lune doit venir pres
d'icelles. Ce qui se cognoist par les Signes
& degrez de l'vne & de l'autre, par les E-
phemerides, ou autres Tables.

Exemple, Voulant cognoistre l'Estoille
Royalle nommée en latin Cor Leonis,
i'obserue par les Ephemerides, ou Alma-
nachs, quãd la Lune sera au Signe du Lió,
enuiron le 23. degré, & l'Estoille que ie voy
celle nuict bien claire aupres d'elle, ie iuge
infalliblement estre Cor Leonis. Et par ce
moyen viẽdrez aussi à la cognoissance des
Planettes: ce que dessus biẽ obserué, pourrez encores cognoistre plusieurs Estoilles
à nous incogneuës.

Vingt & cinquiesme proposition.

Comment par vne Eſtoille cogneuë pourrons trouuer les autres deſcrites
en l'Aſtrolabe.

Apres auoir cogneu vne Eſtoille par les
precedentes, vous cognoiſtrez ayſément
toutes les autres deſcriptes en l'Aſtrolabe,
prenant la hauteur de l'Eſtoille cogneuë,
& la diſpoſant entre les Almicantaraths.
Ce faict, regardez la ſituation de celle que
voulez cognoiſtre, à ſçauoir ſur le quantieſme Almicantarath, & en quelle partie
du Ciel elle ſe trouue puis de celle part regardez par les pertuis des Pinules, & celle qui ſe verra entre les autres la plus claire, ſera celle que l'on cerche. Ainſi vne
cogneuë, vous mõſtrera l'heure que leuent
les autres, & par ce moyẽ les pourrez voir
leuer, pour les cognoiſtre plus ſeurement,
que par vn Horologe.

Exemple, Voulant cognoiſtre l'Eſtoille
Cor Leonis, ie prens la hauteur de Spica
Virginis à moy cogneuë, laquelle trouve
de 30. degrez vers Orient, puis icelle diſpoſée en ſa hauteur és Almicantaraths, ie
voy la poincte de Cor Leonis, tomber ſur

le 45. Almicantarath, pres la ligne de Midy: parquoy ie difpofe la reigle du dos en
femblable hauteur, & me tourne vers icelle partie: Adonc l'Eftoille que ie voy à l'ē-
droiĉt des Pinules, ie iuge que c'eft Cor
Léonis. Tout ainfi pourrez vous faire des
autres.

Vingt & fixiefme propofition.

Cognoiftre les Eftoilles, qui ne font defcrites en l'Aftrolabe, & femblablement les Planettes.

6 Ce prefent Canon, & plufieurs autres
comme de fçauoir le lieu du Soleil, fans a-
uoir cognoiffance du iour, la Latitude des
Eftoilles fixes & Erraticques, ou fi celles
Erratiques font Retrogrades, ou Directes, & en quelle Manfion du Ciel eft
la Lune: font de nulle certitude par l'A-
ftrolabe, ains requierent tables propres
& particulieres, calculées à c'eft office,
comme font les Ephemerides, & autres,
parquoy nous les delaifferons, & reje-
cterons du prefent vfage, comme à faiĉt
Stopher, qui entre les autres à efcrit de cefte matiere, amplement & bien doĉtemēt.

6 *Iacquinot fuit icy l'opinion de Stopher pour
la rejection de plufieurs propofitions qu'on faiĉt*

en c'est endroict, combien qu'en l'augmentation
de l'Astrolabe (mise à la fin de ce liure) faite par
Iacques Baßentin Escoßois, il en parle aßez amplement, c'est pourquoy on y aura recours : mais
il reste sur ceste proposition de sçauoir le lieu du
Soleil sans auoir la cognoißance du iour ce que nostre Auteur nie pouvoir estre faict par l'Astrolabe (ce qui toutefois est fort facile côme, il sera dit
cy apres) & par consequent trouver le quantief-
me iour du mois il est, qui est le contraire des deux
premieres propositions de ce traicté.

Pour doncques venir à la deduction de nostre
dire qui est de trouver le degré du , Signe auquel est le Soleil sans la cognoißance du iour du
mois auquel on est & par consequent le quantie-
me iour il est du mois. Faut premierement sçauoir
qu'il y a six Signes qu'on appelle Signes Montans,
& six qu'on appelle Descendans. Les montãs sont
les Signes d'Hyuer & du Printemps qui sont ♑
♒. ♓ . ♈ . ♉ . ♊ . & sont ainsi appellées à cause
que durant que le Soleil est en iceux, il approche
de iour en iour de nostre Zenith , c'est à dire que
auiourd'huy 30. iour de Ianuier le Soleil à Midy
sera plus esleué qu'il n'estoit hier à Midy & qu'il
le sera plus demain, qu'il ne le sera auiourd'huy
& ainsi en continuant depuis qu'il est entré au
Capricorne iusqu'à la fin de Gemini. Les six au-

tres qui sont les Signes de l'Esté & de l'Automne s'appellent Signes descendans à cause que le Soleil baisse ou se recule de iour en iour de nostre Zenith & sont ♋. ♌. ♍. ♎. ♏. ♐. Si doncques on est certain que le Soleil soit aux Signes Montans, ou Descendans, on pourra facilement trouver son degré en la ligne Ecliptique: & pour ce faire faut prendre la hauteur Meridienne par la cinquiesme proposition, de ce traité, & tourner tant l'Araigne du Zodiaque que l'on voye vn degré de la ligne Ecliptique de la moitié Ascendante (si le Soleil y est) ou de la Descendante sur l'Azimuth Meridien, en la hauteur trouvée; & tel degré est le lieu du Soleil, pour le iour de ladicte observation: pourueu que la table de la Region soit bien faicte. Et est à noter que les plus grands Astrolabes, (en cela particulierement : quoy qu'à toutes autres choses, & ainsi de tous instrumēts Mathematiques) y sont les meilleurs. Ayāt doncques ainsi trouvé le degré auquel est le Soleil, il faut par iceluy trouver le quantiesme iour du mois il est ce qui ce fait en ceste maniere, faut poser l'Alhidade sur le Signe & degré du Signe auquel on a trouvé le Soleil par la premiere partie de ceste proposition & elle monstrera de ceste mesme part dans les degrez des mois le quantiesme du mois il est ; bien est vray que l'Année du Bissexte, il te il faut prendre vn iour moins qu'on ne trouue.

Exemple, dans Paris le 30. iour de Ianuier, 1617. i'ay obserué l'eleuation Meridienne du Soleil laquelle i'ay trouuée estre de 24. degrez 30. minutes ou enuiron, & pour ce que ie ne me veux seruir de la cognoissance que i'ay de ce dit iour, ou l'ignorant volontairement ie regarde quel degré de la ligne Eclyptique des Signes montans (d'autant que le Soleil est en iceux) tombe sur l'Azimuth Meridien & ie trouue que c'est le 10. degré d'Aquarius. Ayant doncques ainsi trouué le 10. degré ♒. ie sçay par son moyen en quel mois ie suis & le quantiesme iour du mois, il est en ceste façon ie pose l'Alhidade sur le 10. degré ♒. & trouue soubs ladite Alhidade de la mesme part le 31. iour de Ianuier : mais d'autant que nous sommes encor en Bissexte iusqu'au premier de Mars i'en retranche vn & me reste le 30. dudit mois & ainsi des autres. Que si quelqu'vn demandoit comment il luy faudroit faire s'il ignoroit quand le Soleil est aux Signes Montans, ou Descendans, ie luy responds? qu'il obserue l'eleuation Meridienne du Soleil deux fois de suitte & s'il trouue la seconde plus grande que la premiere, il ingera que le Soleil est aux Signes Montans, que si elle est moindre il dira qu'il est aux Descendans.

H

Carracteres des 12. Signes auec leurs noms.

♈.	Aries.	♎.	Libra.
♉.	Taurus.	♏.	Scorpius.
♊.	Gemini.	♐.	Sagittarius.
♋.	Cancer.	♑.	Capricornus.
♌.	Leo.	♒.	Aquarius.
♍.	Virgo.	♓.	Pisces.

Vingt & septiesme proposition.

Cognoistre pour quelle elevation de Pole chacune table de l'Astrolabe
est descripte.

Si vous voulez sçavoir à quelle Latitude ou elevation de Pole vne chacune table de l'Astrolabe est descrite, voyez la ligne de Midy, quants Almicantaraths sont
depuis le Cercle Equinoctial, iusques au
Zenith ou bien du Pole (qui est le Centre
de l'Astrolabe) iusques à l'Horizon vers
Septentrion, & à icelle latitude est la table
composée, laquelle vous pourra servir au
lieu de semblable latitude, ou prochaine
d'vn degré ou deux, comme quarante-
huict d'elevation, servira sans erreur sensible a quarante sept, & quarante-neuf, &
en plus grande difference à vn besoing.

De ce l'exemple n'est difficile, & n'y a
que de prendre garde à combien sont tras-

fez & divifez les Almicantaraths, à fçavoir de deux en deux comme aux grands
inftrumens, ou de trois en trois, ou de cinq
en cinq, comme aux petits.

Et faut noter, fi vous furyenez en quelque lieu dont ne fçachiez la Latitude, que
vous le pourrez cognoiftre par les propofitions enfuivantes.

Vingt & huictiefme propofition.

Obferver tous les iours de combien le Soleil eft loing de noftre Zenith.

Pour ce faire font deux manieres, dont
l'vne eft particuliere, & fe refere feulemét
aux lieux pour lefquels on a tables en l'A-
ftrolabe, & l'autre eft vniuerfelle. Si doncques vous voulez fçavoir la diftáce du Soleil au Zénith par la premiere, mettez fon
degré fur la ligne de midy, à la table faicte
pour voftre eleuation, & comptez entre
les Almicantaraths depuis voftre Zenith,
iufques audict degré, ainfi aurez la difference.

Par la feconde, qui eft generale, elle fe
peut faire à Midy, ou autre heure du iour:
car en Souftrayant la hauteur du Soleil à
Midy de 90. degrez, demeurera la diftan-

H ij

ce entre le Zenith, & le Soleil. Pareillement à toutes les autres heures la hauteur du Soleil de 90. trouverez ladite distance du Soleil à nostre Zenith.

Exemple de la seconde maniere, ie trouve la hauteur du Soleil à Midy estre 42. degrez, laquelle i'ay Soustraite de 90. & me demeure 48. degrez, qui est la distance du Soleil à nostre zenith ce iour. Ainsi pourrez faire des Estoilles fixes, en prenát leurs hauteurs Meridiennes, & les Soustraire de 90. degrez.

Vingt & neufiesme proposition.

Cognoistre chacun iour de quants degrez le Soleil, ou autres Estoilles, declinent de l'Equateur.

Declinaison se prend de l'Equinoctial, vers l'vn ou l'autre Pole du monde, à raisõ dequoy l'vne est Septentrionale, & l'autre Meridionale: & la plus grande n'excede 90. degrez. Doncques pour icelles discerner, faut mettre le degré du Soleil sur la ligne de Midy, en l'vne des tables de l'Astrolabe, & les degrez des Almicátaraths, qui sont depuis l'Equinoctial iusques audit degré du Soleil, demonstreront sa declinaison Septentrionale, s'il chet dedans l'Equinoctial, vers le Pole Arctique, ou Australe, si le degré chet hors l'Equinoctial, en tirant vers le Cercle de Capricorne.

Exemple, Ie veux sçavoir la declinaison du Soleil, estant au cinquiesme degré du Taureau, ie mets iceluy degré sur la ligne de Midy, & trouve sa declinaison estre de 13. degrez, en comptant depuis l'Equinoctial iusques audict degré. Alors ie dy, que ceste declinaison est Septétrionale, à cause que elle chet dedans l'Equinoctial, vers le Centre de l'Astrolabe. Pareillement pourrez iuger des Estoilles, en dirigeant la poincte d'icelles sur la ligne de Midy, & comptant depuis l'Equinoctial, comme nous avons faict du degré du Soleil.

Et pource que ceste presente proposition est bien vtile pour ayder à cognoistre les Latitudes des Regions, nous auons adiousté vne petite table de la declinaison du Soleil, par laquelle on cognoistra plus iustement icelle declinaison, que par l'Astrolabe.

H iij

L'vsage de ladicte Table.

Apres auoir trouué le degré du Soleil, pour sçauoir sa declinaison, faut trouuer le Signe du Soleil en haut, ou en bas de la table, selon que se trouuera escrit son nõ, ou Caractere, & le nombre des degrez d'iceluy, à costé senestre de la table, (si ledict Signe est au front d'icelle) ou s'il se trouué au pied de la table, faudra prendre le nombre à costé dextre: Ce faict, en procedant à l'Angle commun, respondant audit Signe & degré, se trouueront les degrez & minutes de la Declinaison du Soleil, laquelle sera Septentrionale, si le Soleil est en l'vn des six premiers Signes: sçauoir est, au Bellier, au Taureau, aux Gemeaux, au Cancre, au Lion, à la Virge, ou Australe, s'il est à l'vn des six derniers, côme és Balences, au Scorpion, au Sagittaire, au Capricorne, au Verseau, aux Poissons.

Table de la declinaison du Soleil, selon Orence.

Tñl signoꝝ
ꝓ ꝓꝓ. dꝺſ͠i͠a
tio͠iꝭ ſolꝭ
ab ꝗuatoꝛ

	♈ ♎		♉ ♏		♊ ♐		
Gr.	Gra.	min.	Gr.	min.	Gr.	min.	Gr.
0	0	0	11	30	20	12	30
1	0	24	11	51	20	25	29
2	0	48	11	12	20	37	28
3	1	12	12	33	20	49	27
4	1	36	12	53	21	0	26
5	2	0	13	13	21	11	25
6	2	23	13	33	21	21	24
7	2	47	13	53	21	32	23
8	3	11	14	13	21	42	22
9	3	35	14	33	21	51	21
10	3	58	14	51	22	0	20
11	4	22	15	10	22	9	19
12	4	45	15	28	22	17	18
13	5	9	15	47	22	23	17
14	5	32	16	5	22	32	16
15	5	55	16	23	22	39	15
16	6	19	16	40	22	46	14
17	6	42	16	57	22	52	13
18	7	5	17	14	22	57	12
19	7	48	17	31	23	3	11
20	7	50	17	47	23	7	10
21	8	13	18	3	23	12	9
22	8	35	18	19	23	15	8
23	8	58	18	34	23	19	7
24	9	20	18	49	23	22	6
25	9	42	19	4	23	24	5
26	10	4	19	18	23	16	4
27	10	26	19	32	23	27	3
28	10	47	19	46	23	28	2
29	11	9	19	59	23	30	1
30	11	30	20	12	23	30	0
	♍ ♓		♌ ♒		♋ ♑		

Trentiesme proposition.

Sçavoir en tous lieux, où l'on se trouvera combien il y a de Latitude de Region ou Eleuation du Pole.

Latitude d'vn lieu (à ce propos) est la distance de l'Equinoctial, iusques au zenith dudict lieu, qui se mesure aux degrez du Cercle Meridien, laquelle se trouve en diverses manieres, dont la plus facile est par la hauteur Meridienne du Soleil, quãd il est au commencement d'Aries, ou de Libra: Car en Soustrayãt celle hauteur de 90. Degrez, demeure la distance de nostre zenith à l'Equinoctial, qui est la Latitude du lieu ou nous sommes tousiours egale à l'eleuation du Pole sur l'Horizon.

laquelle lati-
tude ou distance
de l'equinoctial
au Zenith.

7 Exemple, L'an 1540. le 10. de Mars le Soleil entrant à Midy au premier du Belier, nous avons observé la hauteur Meridienne d'iceluy, dedans la ville de Paris, laquelle avons trouvée de 41. Degré & & environ 20. minutes. Icelle rejectée de nonante degrez, demeure quarante huict Degrez, & 40. minutes, qui est la vraye Latitude dudict lieu.

7 *C'est, Exemple estoit bon avant la reforma-*

tion, mais maintenant qui voudroit en la precedente Année 1616. le 10. de Mars trouver le
lieu du Soleil, on le trouveroit au 20. des Poiſſons
& ſon eleuation Meridienne de 37. degrez &
20. minutes ou enviroń, qui Souſtraits de 90. reſte 52. degrez 40. minutes: mais cela ne fait rien
pour trouver l'eleuation du Pole: mais prenant
l'Exemple de noſtre Auteur, il ſera bon pourveu
qu'au lieu du 10. de Mars l'on prenne le 21. dudit
mois, & on trouvera dans Paris la hauteur Me-
ridiēne du Soleil de 41. degré & 20. mi. qui Souſtraits de 90. degrez reſte 48. degrez & 40.
minutes pour l'eleuation Polaire.

Mais ſi le iour que l'on veut obſerver icelle Latitude, le Soleil à aucune Declinai-
ſon, comme il advient aux autres Signes
& degrez. Apres avoir obſervé la hauteur
Meridienne d'iceluy, faut ſçauoir la De-
clinaiſon de ſon Degré, par la propoſition
precedente:& ſi elle eſt Septentrionale, la
conuient oſter de la hauteur du Soleil, pri-
ſe à Midy ſi Meridionale, l'Adjouſter & de
ce viédra la hauteur de l'Equateur, laquelle rejeĉtée de nonante Degrez, reſtera la
Latitude d'iceluy lieu ou nous faiſons telles obſeruations.

‡ Exemple, Le 14. d'Avril auons trouvé

dedans Paris, que le 4. du Taureau auoit
12. Degrez, & 53. minutes de Declinaison
vers la partie Septentrionale, & que la hauteur du Soleil à Midy estoit de 54. Degrez
& 13. minutes, dont nous rejetons la Declinaison, sçauoir est, 12. Degrez, & 53. minutes, parquoy reste 41. Degré, & 20. minutes, qui est la hauteur de l'Equinoctial,
laquelle ie rejette de 90. Degrez, & il me
demeure 48. degrez, & 40. minutes pour
la Latitude de ceste ville de Paris, où auós
faict telle obseruation.

8   L'an 1616. le 14. iour d'Auril, le Soleil estoit
au 24. d'Aries, & non au 4. degré du Taureau,
& à tel iour le Soleil estoit esleué de 50. degrez,
mais il decline de l'Equinoctial 8. degrez 40.
minutes en la partie Septentrionale, & pourtant
ie Soustrais 8. degrez 40. minutes de Declinaison Septentrionale, de 50. degrez d'eleuation
Meridienne, & reste 41. degré. & 20. minutes,
qu'il faut maintenant Soustraire de 90. degrez &
reste 48. degrez 40. minutes, & telle est la distance du Zenith à l'Equinoctial, & par consequent l'eleuation du Pole du monde sur l'Horizon.

Trente & vniesme proposition.

Trouver la Lungitude d'vne Ville ou autre lieu, par l'Eclypse de la Lune.

Par la Longitude d'vn lieu, à present entendons la distáce depuis le Meridien des
Isles Fortunées, tendant vers Orient, iufques au Meridien d'iceluy Lieu , laquelle
se doit compter dedans les degrez de l'E-
quinoctial ou autres Paralleles : mais la
Longitude d'vne Ville à l'autre, est la difference de leurs deux Meridiens, comprise és Degrez de l'Equinoctial.

Parquoy faut entendre que Ptolomée,
entre les autres Cosmographes, à obserué
grande partie des Longitudes de plusieurs
Villes & Regions , lesquelles il est facile
trouuer en sa Geographie : mais quand en
aucuns lieux la Longitude est incogneuë,
il conuient sçauoir en quel temps se doit
commencer vne Eclypse future de la Lune, en l'vn des Lieux de la Longitude cogneuë. Puis au lieu de la Longitude incogneuë, le iour que se doit faire ladicte E-
clypse , faut obseruer par l'Astrolabe à
quelle heure elle commencera : car si elle
commence à mesme heure que l'on trou-

ue par fupputation qu'elle doit commencer au Lieu de la Longitude cogneuë il
feroit manifefte que ces Lieux feroient
de mefme Longitude : mais fi elle cōmen-
ce pluftoft, ou plus tard, y aura difference
felon la varieté de temps qui fera trouvé,
comme fi elle commençoit plus toft d'vne
heure, au Lieu de Longitude cogneuë,
qu'à celuy de Longitude incogneuë, l'on
pourra facilement iuger que la Longitude du Lieu incogneu, eft plus grande d'v-
ne heure qui vaut quinze degrez, que celle du lieu à nous cogneu. Et femblablement faut entendre des autres differences
de temps felon la valeur des Degrez, en
prenant toufiours 15. Degrez pour vne
heure, & quatres minutes pour chacun
Degré.

Pour exemple, ie trouve dedans Ptolomée, que la Longitude de la Ville de Paris
eft de 23. degrez. 30. minutes, & qu'vne
Eclypfe de la Lune doit commencer audit
lieu à trois heures apres Minuict : fur ce
poinct ie veux fçauoir combien Tubinge
Ville renommée à de Longitude, pource
faire i'obferue audict Lieu de Tubinge le
temps que fe faict ladite Eclypfe, & trou-

ue son commencement à 3. heures, 24.
minutes apres Minuict, qui sont 24, minutes d'auantage plus qu'à Paris, valant 6.
Degrez lesquels ie Adiouste à la Longitude de Paris, pour autant que le commencement de l'Eclypse s'y faisoit plustost : &
par ce moyen ie cognois que Tubinge à
vingt & neuf 9 Degrez, & trente minutes de Longitude.

9 *Mais il faut entendre tousiours que lesdits*
Degrez se doiuent prendre sur l'Equinoctial : car
les 23. degrez & 30. mi. de la Longitude de Paris
ne valēt pas chacun 62. Milles: & demy ainsique
veut Ptolomée : la raison de cela est que de tous
les Paralleles, descrits sur le Globe le plus grand
est l'Equinoctial & tant plus on s'en recule &
tant moindre ils sont.

Pareillement si l'on ne sçauoit la Longitude d'aucuns Lieux, & on la vouloit obseruer en deux, trois, ou tant de Lieux que
bon sembleroit, il est requis en chacun
desdicts lieux vn Astrologue, lesquels en
ces lieux obserueront au vray le temps que
ce commencét icelles Eclypses, puis iceux
assemblez viendront à conferer ledict
temps, & selon la difference qu'ils auront
trouvée, l'on cognoistra la Longitude des

lieux : ou sont faictes telles obseruations, en prenant tousiours (comme il est dict) pour chacune heure quinze Degrez, & pour quatre minutes vn Degré, si l'ó veut reduire la Longitude en Degrez.

De ceste obseruation despend toute la vraye description Geographique , car pour descrire vn Lieu au vray, n'est requis : sinon sçauoir sa Latitude & Longitude, laquelle est plus difficile à obseruer, & ne se trouve facilement chacun iour comme la Latitude.

Autrement pour trouver la difference de Longitude entre deux Villes, selon Gemma Frisius.

Nous le pourrons sçauoir auec vne petite Monstre d'Horologe bien iustifiée en mettant l'Aiguille sur vne heure certaine rectifiée auec l'Astrolabe, quád vous partirez d'vn lieu pour aller en vn autre, ayant tousiours esgard à vostre dicte Monstre de la conduire iustement, de sorte que só mouvement soit vniforme & continuel, & quand vous serez arriué au lieu pretendu, alors obseruez l'heure auec l'Astrolabe, & voyez si elle conuient auec celle de

voſtre Monſtre ou non, en notant diligẽ-
ment la difference: car s'il ne s'en trouvoit
point, vous ſeriez encores ſoubs vn meſme Meridien, & par conſequent ſoubs
meſme Longitude, mais ſi elle eſt plus
grande, ou moindre, diuiſerez la difference des heures par Degrez & minutes, cõme auons dict cy deuant, & ainſi ſçaurez
la difference des Longitudes entre deux
Villes.

Exemple, En partant de Paris pour aller à Lyon, ie rectifie ma Monſtre d'Horologe auec l'Aſtrolabe: & quand ie ſuis arriué à ladicte Ville de Lyon, ie voy que
l'Aiguille d'icelle Mõſtre touche ſur huict
heures du matin preciſement: & incontinent auec l'Aſtrolabe, i'obſerue l'heure, &
trouue huict heures moins trois Degrez,
qui valent douze minutes: adonc ie iuge
auoir difference entre les deux Villes de
tͬ s Degrez, tellement que ſi Paris à 23.
degrez & demy de Longitude, la Ville de
Lyon en aura 26. & demy, & ainſi pourrez
faire de tous autres Lieux.

Trente & deuxiesme proposition.

Cognoistre la distance sur Terre de deux Villes, ou Regions.

Apres auoir cogneu la Longitude & la Latitude de deux Villes. Si vous voulez sçauoir quáts Milieres, ou Lieuës sõt entre içelles. Faut entendre qu'il y a trois manieres de trouver les distáces, par ce qu'aucuns Lieux ont seulement distance en Latitude, aucuns en seule Longitude, les autres en Longitude & Latitude ensemble. La distance donc de deux Lieux qui ont mesme Longitude, & different seulement en Latitude, est plus facile à trouuer que les autres: Car (selon Ptolomée & autres) depuis qu'à vn chacun degré de Latitude respondent tousiours 10 60. Milieres Italicques, apres auoir la difference de Latitude de deux Lieux, ne faut que pour chacun degré prendre 60. milieres, ou 30. Lieuës Françoises, & pour chacune minute vn Miliere, ainsi aurez la distance desdits Lieux.

10 *Il y a faute en c'est endroit: car Ptolomée dõne à chaque degré du Ciel, 62. Mille & demy qui sõt 500. pas & par ainsi vn degré vaudra 31. Lieuës & vn*

& ⅓ mais pour euiter la fraction, pluſieurs le prēnent comme noſtre Auteur, & en donnant 31. Lieuës & ⅓ Il y aura entre Paris & Tholoſe, 156. Lieuës & ¼ Il eſt à noter que combien que Paris & Tholoſe ſoient ſoubs meſme Meridien & partāt ayent meſme Lōgitude qu'il ny a pas pourtant autant de Lieuës de chacune deſdictes Villes ſoubs le Meridien des Canaries, ains il y a 2. Lieuës & ¼ de difference c. a. d. qu'il y a 2. Lieuës & ¼ moins de chemin de Paris ſoubs ledit Meridien que de Tholoſe: la raiſon de ceſte difference en eſt au texte ſuiuant.

Exemple, Paris & Tholoſe ſont preſque ſoubs meſme Meridien, & pourtant ſans Longitude: mais ils ſont differens en Latitude: car la Ville de Paris eſt de 48. degrez, & Tholoſe de 43. oſtez l'vne Altitude ou Latitude, de l'autre reſtēt 5. Degrez leſquels multipliez par 60. font 300. Milles d'Italie qui font cent cinquantes Lieuës Françoiſes, i'entend ſi l'on prend le chemin de droict fil & à droicte ligne Et par ainſi il faut arreſter par ceſte exemple que les Degrez de Latitude retiennent generalement ſur le dos de la terre egal nombre de Milliers, ſoient Italiques, Germaniques, ou Lieuës Françoiſes.

I

Quand aux lieux qui ont mefme Latitude: mais different en Longitude, certainement la forme de la mefure terreftre, que nous auons baillée à la difference de Latitude ne peut fatisfaire à la difference desdeux longitudes, d'autant que la forme terreftre qui fe retreffit vers les deux Poles ne fe peut mefurer egalement, fors qu'à l'endroit de l'Equateur ou 18. degrez plus haut ou plus bas. Et autrement non: car tant plus vous tirez vers le Pol Vrfin, ou contre Vrfin, partant de l'Equateur tant plus les Equidiftances terreftres s'eftreffiffent, pareillement les efpaces de leurs Degrez, tant pour la diminution de leurs Paralleles, que pour la concurrence des lignes Meridiennes, tendans aux deux Poles du monde: parquoy les diftances des Lieux & Villes en Longitude ont bon befoin d'vne table, laquelle monftre par toute l'Europe quelle quantité de Miliers Italiques ou de lieuës Françoifes faut donner à chafque Degré du Parallele terreftre, qui eft fuiect à vne certaine Eleuation du Pole, de laquelle table l'vfage eft tel.

Eftant tout certain de la diftance, qui eft entre deux Villes, quand à la Longitu-

de seulement, la commune Latitude des
deux Villes soit cerché en la premiere colomne de la table commençant à 35. & fi-
niſſant à 58. & trouverez tout vis a vis de
voſtre Latitude deſia trouvée les Miliers
Italiques, ou les lieuës Frãçoiſes qu'il faut
appliquer à peu près à vn degré de Longitude: puis prenez la difference des deux
Villes en Degrez de Longitude, laquelle
vous multiplierez par les Miliers qui ſont
deſtinez en vn Degré de Longitude, & le
Produict de la Multiplication vous monſtrera la diſtance des deux Villes par Milliers, ou Lieuës ſelon leur Longitude.

ii   Exemple, La Ville de Paris & l'Vnité de Tubinge ont meſme Latitude, ſçauoir eſt, de 48. Degrez, toutesfois (ſelon
Ptolomée) ils ſont differents en Longitude: car l'on donne à Paris 23 ÷ de Longitude & à Tubinge 29. Degrez ÷ Oſtez
l'vne Longitude de l'autre reſte 6. Degrez
de Longitude. Auec la commune Latitude i'entre dans la table. Ie trouue en la premiere colomne à main gauche 48. & tout
vis à vis je voy 43 Miliers, ou 21. Lieuës &
demie, mais prenons les Lieuës Françoiſes, leſquelles ie Multiplie par 6. differéce

I ij

de ces deux Longitudes, i'auray 129. ie dy
donc qu'entre Paris & Tubingo l'on doit
compter de droict chemin 129. lieuës Frã-
çoifes, lefquelles doublées font 258. Milliers Italiques, qui fõt fix fois 43. Milliers,
ainfi qu'il appert en la table.

11   *Il y a faute en ce lieu, Car Paris & Tu-*
binge font en l'elevation du Pole 48. Degrez 40.
minutes : Pour Paris il a bien 23. Degrez & ÷
mais Tubinge en a 30. & ÷ *Noftre Auteur ne*
donnant que 29. Degrez & ÷ *à Tubinge trou-*
ve 129. Lieuës Frãçoifes:mais s'il euft mis Tubin-
ge à 30. degrez & ÷ *.qui eft fa vraye Longitu-*
de, il euft trouvé entre ladite Ville & Paris 150.
lieuës.

    La table fuivante eft calculée à raifon de 30.
Lieuës Françoifes au degré auffi l'Exemple cy
deffus eft calculé à mefme raifon , comme auffi les
fuivans.

Table des Miliers appartenant aux Longitudes des Regions & Villes principales de l'Europe, selon diuers Paralleles & Latitudes des Regions.

Degrez de Latitudes.	Miliers Italiques pour un Degré de Lõgitude	Lieuës Frãçoises pour un Degré de Longitude.	Degrez de Latitudes.	Miliers Italiques pour un Degré de Lõgitude	Lieues Frãçoises pour un Degré de Longitude
35	52	26 0	47	43	21 [illegible]
36	51	25 1/2	48	43	21 [illegible]
37	50	25 0	49	42	21 0
38	50	25 0	50	41	20 1/2
39	49	24 1/2	51	40	20 0
40	48	24 0	52	39	19 1/2
41	47	23 1/2	53	38	19 0
42	47	23 1/2	54	37	18 1/2
43	46	23 0	55	36	18 0
44	45	22 1/2	56	35	17 1/2
45	44	22 0	57	34	17 0
46	44	22 0	58	33	16 1/2

Et si voulez sçavoir qu'elle est la distance de deux Lieux differens en Latitude & Longitude, trouvez leurs Latitudes & leur difference, mettez à part. Pareillement sçachez par les tables de Ptolomée

leurs Longitudes, & mettez à part leur
difference, vous reduirez en Quarré ces
deux differences de Longitude & Latitude & leurs Quarrez affemblerez, & de c'eſt
affemblage cercherez la Racine Quarrée,
laquelle Multiplierez par 60. Miliers, Italiques, ou 30. lieuës Françoiſes, & le Produict vous monſtrera la meſure terreſtre,
qui eſt entre les deux Villes.

Exemple, Selon Ptolomée, Les Môts
de la Lune doù procede le Nil, ont 12. degrez de Latitude, & 57. de Longitude. Le
grand Promontoire Aſpre en Ethiopie à
de Latitude 8. degrez & de Lôgitude 73. la
difference des Lôgitudes faict 16. degrez,
la difference des Latitudes 4. Quarrez l'v-
ne & l'autre difference, l'vne ſera 16. & l'autre 256. les deux Quarrez aſſemblez font
296. deſquels la Racine Quarrée faict 17.
& preſque ½ ie Multiplie ceſte Racine
par 30. le Produict me faict dire qu'être le
Promôtoire d'Ethiopie, & les Môts ſource
du Nil y a 516. lieuës Françoiſes, qui font
1032. Mille d'Italie, ces choſes ont lieu és
lieux & Regions qui ſont ſoubs ou aupres
de la ligne Equinoctiale & qui ont ſeulement 18. Degrez de Latitude, mais ſi les

[handwritten marginalia]

lieux font differens en Latitude de plus de
18. Degrez: lors prenez leurs differences
comme à efté dict cy deffus, tant des Longitudes que Latitudes, fi les differeces des
latitudes font petites aydez vous de la Table precedente, comme vous verrez par le
prochain premier exemple. Si elles font
trop grandes & la Table precedente ne
vous peut fatisfaire fans evidente erreur,
il vous faudra aider de la Table fubfequë-
te, ainfi que vous verrez par le prochain fe-
cond exemple.

11 *Les Latitudes dont eſt parlé en c'eſt Exemple font Latitudes Meridionales. Quand à la diſtance que noſtre Auteur nous dit eſtre entre ces
deux Lieux dont il parle, elle eſt fauſſe, car il eſt
tres-certain que l'Additiö de 256. Quarré de 16.
& de 16. Quarré de 4. ne font pas ainſi qu'il dit
296 ; ains ſeulement 272. dont la Racine Quarrée eſt 16 & $\frac{16}{33}$ qui Multiplies par 30. ainſi
qu'il veut ne font que 494. Lieües Françoiſes
& 1090. pas & $\frac{10}{11}$ de pas que ſi l'Addition des
Quarrez de 16. & de 4. euſſent faict 296. cö-
me veut noſtre Auteur ſon conte ce fuſt trouvé
bon: mais ceſte faute-là a engendré les autres. Que
ſi on faiſoit valoir chaque Degré 31. Lieües &
$\frac{1}{4}$ on euſt trouvé 515. Lieües Françoiſes & 303.*

pas & ÷ de pas. Mais noſtre Auteur à icy pris
30. Lieuës Françoiſes pour vn Degré tant pour
eviter la Fraction, que auſſi telle eſt l'opinion
de pluſieurs: & à telle raiſon, la Terre contient en
ſa Circonference 10800. Lieuës, & ſelon l'autre
opinion elle en contient 11250. Auſſi Iacquinot
donne à Paris ſeulement 48. Degrez de Latitude, & il a 48. Degrez & 40. min. Semblablement il donne à Bordeaux 45. Degrez ſeulement & il a 45. Degrez 44. min. ainſi qu'il
ſe void en l'Exemple ſuiuant.

Premier exemple, La latitude de Paris
faict 48. Degrez, celle de Bordeaux, 45.
leur difference 3. Degrez, la longitude de
Paris eſt de 23. ÷ celle de Bordeaux de
18. ÷ leur difference 5. Degrez par les latitudes de ces deux Villes ie trouue prefque meſme nombre de lieuës, qui eſt de
22. lieuës. Parquoy voyant ſi petit nombre ie m'addreſſe à la prochaine Table a-
uec les deux latitudes, leſquelles me bail-
lent preſque quarante vne minute de l'E-
quateur, leſquelles ie Multiplie par la difference des longitudes, ſçavoir eſt, par 5.
Degrez, le Produict me monſtre 3. Degrez
& 25. minutes de l'Equateur, ie concluds
donc que ſoubs les Paralleles de 45. 46. 47

& 48. degr. les 3. Degrez 25. minut. de l'E-
quateur respondent & satis-font aux 5.
Degré de longitudes qui sont entre les 2.
Villes. Ie Multiplie Quarrément 3. Degr.
25. min. i'auray presque 12. Degrez ie Multiplie 5. differencé de longitude, i'auray 25.
i'assemblo, ¹³ Somme 37. dont ie tire la
Racine Quarrée, qui me faict presque 6.
lesquels ie Multiplie par 30. ie dy doncques qu'entre Paris & Bordeaux y a à peu
pres 180. lieuës Françoises. Mais si par la
Table superieure vous voyez vne moult
grande difference de lieuës entro les Latitudes des deux Villes, leurs distances se
cognoistront en ceste sorte. Mettez à part
les deux differences des Latitudes & Longitudes : puis prenez iustement la moitié
de la difference des latitudes, laquelle Ad-
iousterez à la moindre latitude, ou bien
l'osterez de la plus grande, & ce qui proviendra de l'Addition ou Soustraction,
soit mis à part: il signifie que c'est la moitié
de la Latitude, qui est comprinse & trouvée entre les deux Villes. Vous cercherez
ceste moyenne Latitude és premiers nóbres de la prochaine Table, qui vous mó-
strera en la seconde colomne les minutes

de l'Equateur appartenans à vn Degré de Longitude, qui eſt entre les deux Villes. Leſquelles minutes de l'Equateur, ie Multiplie par la difference des Longitudes & le Produict me faict veoir le nombre des Degrez & minutes de l'Equateur, qui ſe trouvét entre les deux Villes, il faudra cóuertir en nombre Quarré l'Arc de l'Equateur, & ſemblablement la difference des deux Latitudes,& au reſte proceder comme nous auons faict és deux derniers exemples.

13 *Noſtre Auteur dit icy que la Racine Quarrée de 37. eſt preſque 6. & c'eſt plus de 6. car c'eſt 6. & $\frac{1}{11}$ & pourtant il c'eſt abuſé en c'eſt endroit ; que ſi les deux Produicts Adiouſtez enſemble , euſſent faict iuſtement 37. il y auoit ſelon ſon Calcul entre Paris & Bordeaux 182. Lieuës & 615. pas & $\frac{1}{11}$ de pas.*

14 Exemple, La Latitude de Paris ſoit de 48. Degrez , celle de Conſtantinople ſoit de 43. ſelon Ptolomée. La Longitude de Paris contient 23. $\frac{1}{2}$ Celle de Conſtátinople eſt de 56 Degrez. La difference entre les deux Latitudes faict 5. Degrez. La difference entre les Longitudes eſt de trente-deux degrez. $\frac{1}{2}$ La moitié de la

differēce des deux Latitudes vient à deux degrez ÷ laquelle i'Adiouſte à la moindre Latitude 43. Degrez par ainſi i'auray 45. ÷ ou bien ie l'oſte de la plus grande qui eſt 48. parquoy i'auray 45. ÷ C'eſt la vraye Latitude appartenât à la Ville qui ſe trouvera entre Paris & Conſtantinople, auec laquelle i'entre en la prochaine Table, & voy tout vis à vis de 45. Degrez 30. minutes 42. minutes de l'Equateur, leſquelles ie Multiplie par la difference des Longitudes, qui eſt 32. ÷ l'auray donc 1355. min. qui valent 22. ÷ & ÷ c'eſt à dire 23. Degrez 35. minutes de l'Equateur: leſquels Multipliez par ſoy-meſme font preſque 510. Multipliez auſſi par ſoy-meſme 5. qui eſt la difference des latitudes, vous aurez 25. Adiouſtez ces deux Quarrez ſomme, 535. dont la Racine Quarrée fait preſque 23. laquelle Multipliée par 30. le Produiçt me faiçt dire que de Paris à Conſtantinople on y peut compter, à peu pres, 690. lieuës Françoiſes qui valent, 1380. Mille d'Italie. Voicy la Table par laquelle les Degrez de longitude ſont cóvertis en Degrez de latitude, ſelon le calcul d'Apian en ſa Coſmographie.

14 Nostre Auteur poursuit encor à dôner 48.
grez pour la Latitude de Paris qui en a comme
i'ay dit 48. & 40. minu. Semblablement Constantinople à 5. menutes moins qu'il ne luy donne. Mais sans nous arrester à cela il y a faute manifeste en son Calcul ; car 32. Degrez & ¼ qui
est la différence de la Longitude de Paris à celle de
Constantinople à son conte Multipliés par 42.
minutes de l'Equinoctial (que chacun Degré de
difference doit valoir ainsi qu'il a esté trouvé par
la Table superieure) font 1365. minutes qui ne
font que 22. Degrez & 45. minutes & luy ne
trouve que 1355. minutes qui sont 10. moins &
ce pendant il trouve 23. Degrez 35. minutes , en
quoy il paroist fort peu versé en Arithmetique.
D'abondant il ne trouve que 535. pour les Produicts de 23. Degrez & 35. minu. & aussi pour
les 5. Degrez ce qui est encor faux , car sans parler des 35. minutes le Quarré de 23. Degrez
faict seul 529. & celuy de 5. qui est 25. Adjousté
avec 529. font 554. D'avantage il dit que la Racine Quarrée de 535. fait presque 23. & il est certain que outre 23. quelle donne il reste 6/47 de Degré. Mais laissons ces fautes, car elles ne se peuvêt
excuser & Multiplions Quarrément 22. Degrez & 45. minutes que nous avons trouvé
provenir des differences des Longitudes de Paris

& Constantinople & nous trouverons 514. Degrez & $\frac{111}{144}$ de Degré auquel nombre nous Ad-
jousterons 25. Produict du Quarrè des differences
des Latitudes de Paris & Constãtinople & l'Adi-
tion donnera 539. Degrez sans le reste qu'on re-
jete comme de peu de consideration. Apres faut
prendre la Racine Quarrée de 539. qui est 23. Degrez & $\frac{10}{47}$ & ainsi à 30. Lieuës pour Degré
nous trouverons qu'il y a entre Paris & Constantinople 696. Lieuës peu plus.

Table des Degrez des Longitudes conuertiz en Degrez de l'Equateur, ou de Latitude.

*l faut de longi
tud*

Degrez & minutes de Latitude.		Minutes & secondes de l'Equateur.			Degrez & Minutes de Latitude.		Minutes & Secondes de l'Equateur.	
deg.	mi.	mi.	2		deg	mi.	mi.	2
35	0	49	8		47	0	40	55
35	30	48	50		47	30	40	35
36	0	48	32		48	0	40	8
36	30	48	14		48	30	39	45
37	0	47	55		49	0	39	21
37	30	47	36		49	30	38	58
38	0	47	16		50	0	38	34
38	30	46	57		50	30	38	9
39	0	46	37		51	0	37	45
39	30	46	17		51	30	37	21
40	0	45	57		52	0	36	56
40	30	45	37		52	30	36	31
41	0	45	16		53	0	36	6
41	30	44	56		53	30	35	41
42	0	44	35		54	0	35	16
42	30	44	14		54	30	34	50
43	0	43	52		55	0	24	24
43	30	43	31		55	30	34	59
44	0	43	9		56	0	33	33
44	30	42	47		56	30	31	5
45	0	42	25		57	0	32	40
45	30	42	3		57	30	32	14
46	0	41	40		58	0	51	47
46	30	41	18					

Trente & troisiesme proposition.

Auoir la cognoissance des Vents, & de quelle part ils procedent.

Veu que les Vents changent sensiblement l'Air, & disposent les corps en ceste Region basse, causant aucunesfois Chaud, Froid, Pluye ou beau temps: il sera conuenable sçavoir que c'est que Vent, & d'où il procede.

Vent est vne Exalaizon attirée de la Terre, (par la vertu du Soleil, & des Estoilles,) Chaude & Seiche à sa premiere naissance. Laquelle (apres auoir esté repoulsée de la froidure, estant en la seconde Region de l'Air) se meut obliquement enuiron la Terre & prouient de diuerses parties de l'Horizon: Pource ont les Vents diuers noms, selon les parties du Monde, ou ils sortent & soufflent.

Pour trouver doncques en certain téps quel Vét regne, & de quelle part de l'Horizon il procede, faut disposer l'Astrolabe le Dos en haut, aux Quatre parties du monde (par la 23. proposition) en vn lieu ou le Vent puisse venir naturellement, sans aucune reuerberation, empes-

chement de muraille, ou d'autre chofe, &
dreſſer vne Banniere Mobile au Centre
du Dos, laquelle agitée du Vent, tournera
tellement que la Charniere ou Girouet-
te d'icelle Banniere vous monſtrera le
Vent, qui pour lors ſouffle & Regne au
circuit du Dos de l'Aſtrolabe, ou nous a-
uons deſcrit les Quatre Vents Cardinaulx: auec leurs Colateraux, à ſçavoir ſur
la ligne du vray Orient: Subſolanus, & ſes
deux Colateraux Eurus, & Vulturnus. Et
à l'oppoſite vers la partie Occidentale Fa-
uonius ou Zephirus, & ſes deux Colateraulx, Aphricus & Chorus. Semblablement auons deſcrit en la partie de Midy,
Auſter ou Notus, Vent de la Mer, & à coſté ſes deux voiſins Euroauſter, & Au-
ſtroaphricus. Conſequemment en Septé-
trion eſt deſcrit le Vent nommé Septentrional, ou Aparctias, auecques ſes circon-
uoiſins, Circius & Boreas, comme il appert
par la figure deſcrite par cy deuant, à la declaration des parties.

Et conuient entendre, que d'iceux Véts
les vns ſõt ſalutaires, les autres pernicieux:
& mal-ſains, ſelon le lieu & Region d'où
ils procedent. Car Subſolanus Vent du
vray

vray Orient eſt Chaud, Sec, Pur & Subtil:
Il engendre les Nuës, fait fleurir les Arbres, & donne ſanté au corps: Ses Colateraulx ſont de meſme nature, ſinon que
Vulturnus Vent d'Orient d'Eſté, deſeiche
tout. Et les Vents oppoſites en la partie
d'Occident, ſont froids & Humides, cau-
ſans Maladies, Pluyes, & Tonnerres.

Apres le Vent qui vient de Midy, avec
ſes deux Colateraulx, eſt Chaud & Hu-
mide, engendrant pluſieurs Maladies, &
grandes Pluyes.

Finablement Aparctias vent de Septé-
trion, avec ces circonvoiſins, eſt froid &
Sec, dechaſſant la Pluye, donnant ſanté au
corps, mais nuyſant aux fleurs des Arbres,
& aux biens de la Terre.

Trente & quatrieſme propoſition.

Des Aſcenſions des Signes, & au-
tres Arcs du Zodiaque.

Faut noter que l'Aſcenſion d'vn Signe,
ou autre Arc du Zodiaque, eſt l'Arc de
l'Equinoctial, montant avecques le Signe
ou l'Arc du Zodiaque, ou l'eſpace de téps,
pendát lequel iceluy Arc ſe leve ſur l'Horizon. Auſſi convient entendre que les

K

Afcenfions font en deux differences : fçavoir eft, Droiétes & Obliques. Les Droiétes font celles que l'on confidere en
l'Horizon de la Sphere Droiéte, & les O-
bliques, en l'Horizon Oblique : & en l'vne
& l'autre, vn Signe eft diét monter Droi-
étement, avec lequel plus de trente Degrez fe levent de l'Equinoétial, ou quand
il met plus de deux heures à s'eflever fur
l'Horizon : & Obliquement avec lequel y
à moins de trente Degrez, ou quand il ne
met deux heures entieres à fe lever fur le-
diét Horizon.

D'avantage eft à confiderer que communément lefdiétes Afcenfions commé-
cent au premier poinét du Belier, fors
quand l'on veut trouver les Afcenfions
particulieres d'vn Signe ou degré, & dau-
tres Arcs de l'Eclyptique.

Trente & cinquiefme propofition.

Cognoiftre l'Afcenfion des Signes en la Sphere Droiéte,

Il faut mettre la fin de quelque Signe,
ou autre Arc de l'Eclyptique fur l'Horizon Droiét, & la petite reigle mife & fituée
fur le commencement du Belier ; vous

monſtrera leurs Aſcenſions Droictes, au
Cercle des heures, depuis le poinct qui
touche la reigle iuſques à l'Horizon
Droict.

Exemple, Deſirant cognoiſtre l'Aſcenſion du dernier Degré du Taureau, je
mets la fin d'iceluy ſur l'Horizon en O-
rient, & en adreſſant la reigle au commencement du Belier, ie voy entre le poinct
qui touche la reigle & l'extremité de l'Horizon Droict, qu'il y a 58. Degrez pour ſõ
Aſcenſion Droicte. Mais ſi l'on veut ſçavoir l'Aſcenſion particuliere dudit Signe
du Taureau, faut ſeulement remuer la reigle, & la tranſporter ſur le commencement dudict Signe, & depuis la note qu'elle touchera au Limbe, iuſques à l'Horizõ
Droict, là ſera ſon Aſcenſion particuliere.
Comme par l'exemple precedente en laiſſant la fin du Taureau, ſur l'Horizõ droict
& la reigle miſe au commencement dudict Signe, ie treuve au Limbe ſon Aſcenſion particuliere eſtre de ıſ trente Degrez. Et notez qu'en la Sphere Droicte
quatre ſignes, ſçavoir les Gemeaux, le Cã-
cre, & leurs oppoſites, qui ſont le Sagittaire & le Capricorne Levent, & Couchent

Droictement , & les 8. autres Obliquement. Car la portion de l'Equateur montant ou devalant, avec vn defdicts 4. Signes: furmonte 30. Degrez, & avec vn des
autres huict, il faict moins de 30. Degrez.

15 *Iacquinot ce contrarie en ceste propofition,
car il dit en ce lieu que le Taureau c'est levé avec
30. Degrez de l'Equinoctial, & fur la fin de ceste
propofition , il dit que les 4. Signes qui fe levent
Droictement furpassent 30. Degrez, c'est à dire
qu'il fe leve plus de 30. Degrez de l'Equinoctial
pendant leur lever & avec les 8. autres il s'esleve
moins de 30. Degrez de l'Equinoctial. Est donc
à Noter pour vne Maxime tres-certaine qu'en
quelque difpofition de Sphere qu'on voudra ja-
mais il ne fe leue 30. Degrez de l'Equinoctial a-
vec vn Signe* qui en estent 30.* & qu'il y à toujours plus ou moins, La Table fuivante qui est
pour la Sphere Droicte faict foy pour telle difpofition de Sphere, & tout cela arrive à caufe de
l'Obliquité du Zodiaque duquel les Angles qu'il
faict auec l'Horizon varient perpetuellement,
mais il n'en est pas ainsi des Angles que l'Equinoctial & l'Horizon font enfeble: car en la Sphere Droicte lefdits Angles font toujours Droicts
& en l'Oblique toujours Obliques , ceux cy plus
ou moins felon que la Sphere est plus ou moins O-*

blique: felon qu'il fe verra aux tables que nous dô-
nerons fur la 37. propofition.

Table du Lever des Signes en la Sphere Droiſte.

	Signes.	Degrez	Minut.	Heu	Minu	Secon
Obliquement.	♈ ♓ ♍ ♎	27	54	1	51	36
Obliquement.	♉ ♒ ♌ ♏	29	54	1	59	36
Droiſtement.	♊ ♑ ♋ ♐	32	12	2	8	48

Pour l'explication de la Table ſuperieure il faut
ſçavoir qu'il y à 4. Signes qui ſe levent en vn
meſme temps, c'eſt à dire que chacun deſdits 4. Signes met & conſume autant à ſon lever que l'autre & pourtant je les ay tous mis en vne meſme
Caze & en ſuitte ay mis les Degrez & Min. de
l'Equinoctial correſpondants à chaque Signe &
auſsi les Heures comme cela eſt facile à voir.

Exemple, Deſirant ſçavoir combien Aries
met & conſume à ſon lever, je cerche Aries dans
ladiCte Table & trouve que pendants qu'il ſe
leve il ſe leve 27. Degrez 54. Min. de l'Equino-
Ctial qui valent vne heure 51. Min. & 36. ſecondes, & ainſi des autres qui ſont en la meſme
Caze. Si je cerche le Taureau je trouveray 29.

K iij

Degrez & 54. Minu. qui respondent à vne heu-
re & 59. min. & 36. Secondes: & ainsi des autres
de la mesme Caze. Mais si ie veux sçauoir le le-
ver de Gemini, ie trouve 32. Degrez 12. minu-
tes qui respondent à 2. heures 8. minutes & 48.
Secondes & ainsi des Autres de la mesme Caze.
Et d'autant que ceux cy consument plus de deux
heures à lever ils sont dits se lever Droictement
& les autres, qui y sont moins de deux heures
sont dits se lever Obliquement.

Trente & sixiesme proposition.

Trouver l'Ascension des Estoilles descrites en l'Araigne du Zodiaque.

Pour cognoistre l'Ascension Droicte
des Estoilles, qui sont descrites en l'Astrolabe, mettez la poincte d'icelles sur l'Horizon Droict, & la reigle au commencement d'Aries, lors comptez de l'Horizon
Droict les Degrez du Limbe, lusques au
poinct que touche icelle reigle, & vous
aurez ladicte Ascension.

Exemple, si ie veux sçavoir combien à
d'Ascension l'Estoille Spica Virginis, ie
mets sa poincte sur l'Horizon Droict en
la partie d'Orient, & en dressant la reigle
sur le commencement d'Aries, ie trouve

son Ascension Droiƈte estre de 195. Degrez, entre le poinƈt qui touche la reigle,
iusques à l'Horizon Droiƈt.

Trente & septiesme proposition.

Sçavoir l'Ascension des Signes en la Sphere Oblique.

Mettez le commencement d'vn Signe,
ou autre Arc sur l'Horizon Oblique de
vostre Table, auec la reigle, en marquant
au Limbe le poinƈt qu'elle touche, puis
tournerez le Zodiaque iusques à ce que la
fin du Signe, ou Arc viennent Droiƈtement sur l'Horizon Oblique, laissant la
reigle sur le commencement d'iceluy : ce
faiƈt, faut compter les Degrez au Limbe
depuis la premiere marque que touche la
reigle, iusques à la seconde, par ainsi vous
aurez icelle Ascension Oblique.

Exemple, Ie veux sçavoir combien le Signe du Taureau met à se lever à l'elevatió
de 48. Degrez, pour ce faire ie mets son
commencement sur l'Horizon Oblique
d'icelle table, avecques la reigle, & note le
poinƈt respondant au Limbe, puis fais
tourner le Zodiaque avecques la reigle
iusques à ce que le dernier Degré d'iceluy

tombe ſur lediĉt Horizon : ainſi l'eſpace
entre les deux notes , me demonſtre que
ſon Aſcenſion particuliere eſt de 18. Degrez & demy. 16   Et convient entendre,
qu'en la Sphere Oblique ſix Signes, ſçavoir eſt depuis le commencement du Cã-
cre, iuſques au dernier du Sagittaire, mõ-
tent ſur noſtre Horizon Droiĉtement , &
couchent Obliquement : mais les ſix autres depuis le premier du Capricorne, iuſques à la fin des Gemeaux , levent Obliquement, & ſe couchent Droiĉtement.

16   Iacquinot dit en ce lieu, qu'en la Sphere O-
blique il y a ſix Signes qui ſe levent Droiĉtemẽt
(& ſont les Signes Deſcendans) & ſix Obliquement (qui ſont les Signes Montans) ce qui n'eſt
pas toujours vray car là ou là Sphere à ſeulemẽt
ſix Degr. d'Elevation de Pole ♍. & ♎. s'eſle-
vent Obliquement (qui ſelon ſon dire devroient
lever Droiĉtement) ſemblablement ♄. & ♊. ſe
levent Droiĉtement (& à ſon dire ils levent
Obliquement. La Table ſuivante eſt pour vne
telle Elevation à ſçavoir de 6. Degrez d'Elevation de Pole.

Table du lever des Signes en la Sphere Oblique de 6. Degrez.

	Signes	Degr.	Minu	Heur	Minu.	Secon.
Obliques.	♈ ♓	26	40	1	46	40
Obliques.	♉ ♒	28	55	1	55	40
Droicts.	♊ ♑	11	48	2	7	12
Droicts.	♋ ♐	32	36	2	10	24
Droicts.	♌ ♏	30	11	2	1	32
Obliques.	♍ ♎	29	8	1	56	32

Par la Table superieure il est cler & manifeste qu'en la Sphere Oblique il n'est pas tousiours vray que les six Signes qui sont depuis Cancer iusqu'à la fin du Sagittaire se levent Droictement & les six autres Obliquement: car on trouve ♍ & ♎ se lever Obliquement veu que pendants leur lever il ne se leve que 29. Degrez 8. minutes de l'Equateur lequel temps ne dure qu'vne heure 56. minutes & 32. Secondes & au contraire on trouve que pendant que ♊ & le ♑ se levent il se leve 31. Degrez 48. minutes de l'Equateur lequel temps dure 2. heures 7. minutes, 12. Secondes. Bien est vray que le dire de nostre Auteur est veritable là où il y a plus d'Elevation de Pole, comme il appert en la Table suivante qui est Calculée pour l'Elevation de Paris qui a 48. Degrez & 40. Min. de Latitude Septetrionale,

Table du lever des signes en la Sphere Oblique
là où le Pole à 48. Degrez 40. Minutes de Latitude.

	Signes	Degi.	Minu	Heu.	Min.	Secon.
Obliques.	♈ ♓	14	31	0	58	4
Obliques.	♉ ♒	18	33	1	14	12
Obliques.	♊ ♋	27	18	1	49	12
Droicts.	♋ ♐	37	6	2	28	14
Droicts.	♌ ♏	41	15	2	45	0
Droicts.	♍ ♎	41	17	2	45	8

Le texte porte que les Signes qui se levent
Droictement, se couchent Obliquement & au
contraire ce qui est vray & faut noter là dessus
que les Signes qui se levent le plus Obliquement
comme Aries & Pisces se couchent le plus Droictement & ainsi des autres, & le tout doit estre
entendu en la Sphere Oblique: car en la Sphere
Droicte il n'en est pas ainsi. Or de cecy il en est
parlé en la proposition suivante.

Trente & huictiesme proposition.

De l'ascension des Signes, tant en la Sphere Droicte qu'en l'Oblique.

Pour la Descension n'est besoin bailler
reigle à cause qu'e la Sphere Droicte l'As-

cenſion & Deſcenſion du Signe eſt tout
vn. Et en l'Oblique la Deſcenſion d'vn
Signe ſe trouve par l'Aſcenſion de ſon
oppoſite, auquel il eſt toujours egal.

Exemple, La Deſcenſion du Signe du
Taureau ſera de 41. Degrez, à cauſe que
l'Aſcenſion du Signe du Scorpion, qui eſt
ſon oppoſite, eſt trouvée avoir tant de Degrez: auſſi la Deſcenſion du Scorpion ſera de 18. Degrez & demy, qui eſt l'Aſcenſion du Taureau, & ainſi des autres: en Di-
viſant iceux Degrez par quinze, & le reſte
ſoit Multiplié par quatre, vous aurez les
heures & minutes auſquelles iceux Signes
ſe levent & couchent.

Trente & neufieſme propoſition.

Trouver les quatres Angles, ou Centres
du Ciel, à ſçavoir les quatres Maiſons
principales.

Faut entendre que tout le Ciel eſt divi-
ſé en pluſieurs & diverſes manieres : Les
vnes pour meſurer les heures, & autres eſpaces de temps, qui ſe reduiſent en l'Equinoctial, ſelon le mouvement du Premier
Mobile: Les autres pour la diſtinction des
propres mouvemés des Eſtoilles, leſquel-

les se referent aux 17 douze Signes Celestes de l'Eclyptique du Premier Mobile.
Et pource qu'outre le temps & les mouvemens desusdicts, l'on considere les Influences des Estoilles selon l'vn & l'autre
mouvement,& la diuerse situation d'icelles. Les Philosophes Antiques ont divisé
le Ciel en 18 douze parties egales,qu'õ appelle communément les 12. Maisons , &
ce par six Cercles permanens (comme a-
vons dict à la declaration des parties) dõt
les deux principaux sont l'Horizon Oblique, & le Meridien, lesquels distinguent
toujours les quatres parties 19 Cardinales du Monde,à sçavoir Orient , Minuict,
Occident & Midy : qui s'appellent la premiere,4.7.& dixiesme Maison, Pour dõc-
ques trouver & avoir leur commencement, faut mettre le Degré du Soleil entre les Almicantaraths,en mesme hauteur
que l'aurez trouvé par le Dos de l'Astrolabe,& le degré du Zodiaque, qui cherra en
la partie Orientale de l'HorizonOblique,
sera l'Angle d'Orient,que nous appellons
Horoscope, ou premiere Maison, duquel
le Degré opposite , qui cherra sur ledict
Horizon en Occident, est l'Angle Occi-

dental, autrement dict la septiesme Maison. Consequemment le Degré, qui est
droictement sur la ligne de Midy, sera
l'Angle de Midy, nommé la dixiesme Maison, & son Nadirh qui touche la ligne de
Minuict, est l'Angle de la Terre, appellé la
quatriesme Maison.

20 *Il est parlé en ce lieu des 12. Signes Celestes*
de l'Eclyptique du Premier Mobile: Surquoy faut
noter qu'il y a grande difference entre le Zodia-
que du Premier Mobile & celuy du Firmament:
celuy la n'ayant aucunes Estoilles & celuy cy
ayant ces Estoilles qu'on appellent communément
les 12. Signes qui sont ♈. ♉. &c. lesquels sont
ainsi appellés non à cause de la disposition ou fi-
gure des Estoilles qui sont en ces lieux là, ains plu-
stost à cause que le Soleil estant en tels lieux rend
le temps d'un temperament semblable à celuy de
l'Animal dont ceste partie est denommée, &
voila pourquoy est fait mention en ce lieu de l'E-
clyptique du Premier Mobile: car c'est à l'égard
des 12. parties de ceste Eclyptique là que le Soleil
nous commence les Saisons & autres particulari-
tez & non pas à l'egard de la ligne Eclyptique du
Firmament bien quelles soient l'une sous l'autre,
mais à cause des divers mouvements (dont à esté
parlé à la premiere annotation marquée A le

Soleil estant au premier Degré de l'Aries du Premier Mobile, n'est pas au Premier Degré de l'A-
ries du Firmament.

18   Les 12. Maisons dont est parlé en ce lieu
sont ainsi appellées pour la similitude, car tout
ainsi qu'vne Maison est faite pour habiter, de mesme les deux grands Luminaires & les cinq Planettes en faisant leurs revolutions à l'entour du
Monde sont chacune vn certain temps dans les
Signes & à ceste cause sont appellés Maisons dõt
le Soleil & la Lune en ont chacun vne & les
cinq Planettes en ont chacun deux, la Maison du
Soleil est le Lion, celle de la Lune Cancer: Celles
de Saturne sont ♒. pour le iour & ♄. pour la
Nuict: Celles de ♃. ♐. pour le iour & ♓. pour
la Nuict: Celles de ♂. sont ♈. pour le iour & le
♏. pour la Nuict: Celles de ♀. sont ♎ pour le
iour & le ♉. pour la Nuict: Et celles de ☿. sõt
♊. pour le iour & ♍. pour la Nuist. Il faut
aussi sçavoir que quand les Planettes sont aux Signes qui leur sont attribués pour Maisons ils ont
la plus de vertu qu'en vn autre partie du Ciel &
tout ainsi qu'ils ont de certains Signes pour leurs
Maisons aussi y a il de certains Signes ausquels e-
stans ils sont dites estre en Exil, comme lors que
le Soleil est en ♒. la ☽. en ♑. ♄. en ♌. & au
♋. ♃. en ♍. & ♊. ♂. en ♎. & au ♉. ♀. au

♏. & en ♈. & ♀. au ♐. & aux ♓. Semblablement il y a de certains Signes ou lesdites Planettes estans elles sont dites exaltées comme le ☉. en ♈. la ☽. en ♉. ♃. en ♋. ♄. en ♎. ☿. en ♍. ♂. au ♑. ♀. en ♓. la Teste du Dragon en ♊. & la Queuë au ♐. De mesmes il y a de certains Signes ou lesdites Planettes estans elles sont dites dejetées, comme le ☉. en ♎. la ☽. au ♏. ♄. en ♈. ♃ au ♑. ♂. en ♋. ♀. en ♍. ☿. en ♓. la Teste du Dragon au ♐. & la Queuë en ♊.

Il faut noter que combien qu'on appelle communement Aries la premiere Maison & Taurus la seconde & ainsi en suivants des autres que cela se doit entendre à raison de l'An, lequel commence toujours à proprement parler lors que le Soleil entre à ce Signe, mais en vn mot le Signe qui se trouve en la Racine d'vne Notivité ou autre speculation soit de Maladie, Voyage, &c. est toujours la premiere Maison, &c. Ceste premiere Maison est la Maison de Vie & du commencement de toutes choses c. a. d. par laquelle on iuge de la vie, &c. La seconde est la Maison de Substance, tant des choses appartenantes à la vie qu'autre choses. La troisieme est des Freres & Parens & aussi des voyages de briefue durée. La Quatriesme est la Maison qui iuge des Heritages & autres Immeubles. La cinquiesme est la Maison

des Enfans, des Messagers, des Testaments & A-
mitiés. La sixiesme est la Maison des Maladies,
Seigneuries, Serviteurs, Bestes Domestiques, Pri-
sonniers & des Membres du corps humain. La
septiesme est la Maison de la Moitié de la vie hu-
maine des Contentions & Debats, des Femmes
& du Mariage. La huictiesme est la Maison de la
Mort. La neufiesme est la Maison des Longs
Voyages, Foy, Religion & Sapience. La dixiesme
est la Maison Imperialle, Royalle, de Noblesse,
Honneur, Exaltation & bonne renommée.
L'vnziesme est la Maison qui Iuge de l'Esperan-
ce, Confiance & bonne ou mauvaise adventure
de L'homme. La douziesme & derniere est la
Maison d'Envie & de Tristesse, de Finesse & de
Tromperie.

19 Les quatre parties Cardinales, qu'on appelle autrement, les Gons du Ciel; & c'est ce qu'il appelle puis apres, les Angles. C'est quatre di-je
sont les principaux d'vne Horoscope, & sur lesquels on fande les principaux Iugements. Et ces
quatre points là sont les premiers trouvez par
ceux qui domifient par l'Astrolabe : mais ceux
qui se servent des Ephemerides cerchent premierement la dixiesme Maison qui est le milieu
ou haut du Ciel & qui est icy appellé l'Angle de
Midy & de la on cerche apres l'onziesme, puis la
douzies-

douziefme & de la on vient à l'Horofcope, ou premiere Maifon, puis à la feconde, & de la à la 3. & ayant trouvé ces 6. là leurs Signes oppofites font les 6. autres.

20 Exemple, Voulant dreffer vne figure pour vn qui eft né le 15. du mois de Iuin à quatre heures apres Midy, le Soleil eftant au troifiefme du Cancre, ie prens la hauteur du Soleil, au Dos de l'Aftrolabe, laquelle trouve de 34. Degrez apres Midy, adóc le Degré du Soleil, mis & appofé fur mefme hauteur entre les Almicantaraths, ie trouve le 19. du Scorpion, tomber fur l'Horizon Oblique en Orient, qui fera l'Horofcope d'icelle Nativité: & le 16. du Taureau en Occident, qui eft fon oppofite: pareillemét fur la ligne de Midy je trouve le premier des Gemeaux, & en la ligne de Minuict le premier Degré des Poiffós, qui eft fon Nadirh, lefquels avons difpofé en cefte figure Geometrique, ainfi qu'on a de couftume faire en Aftronomie.

20 Aujourd'huy le 15. jour de Iuin, le Soleil eft au 24. de ♊ & non au 3. du Cancre. Or le 24. de ♊. mis entre les Almicantaraths, en la hauteur trouvée, qui eft 34. Degrez apres Midy, cela marque le 14. du ♏. tomber fur l'Horizon

L

Oblique, en la partie Orientale, qui sera l'Horizõ d'icelle Natiuité; & le 14. du Taureau en la partie Occidentale, qui est son Degré opposite, & sur la ligne de Midy, je trouve le 28. du Lion ; & en la ligne de Minuict le 28. d'Aquarius, qui est son Nadirh. Le reste ce trouve suivant le texte de nostre Auteur.

Figura genituræ ·N·

Les quatre Angles d'vne figure Astronomique, auec les huict autres Maisons du Ciel.

Quarantiefme propofition.

Sçavoir dreffer les douze Maifons du
Ciel à toutes heures, & en
tout temps.

Il y a deux voyes principales. pour dreffer les Maifons du Ciel, dont l'vne eft baillée par les Anciens, & par les Aftrologues
Modernes : fçavoir eft, par de Monte Regio, & Purbache, & combien qu'elles different peu entre elles, fi eft-ce que la Mo-
derne a quelque commodité d'avantage,
& eft celle dont l'on vfe pour le jourd'huy
communément, neantmoins nous enfei-
gnerons la practique de toutes les deux.
Aucuns adjouftent la troifiefme maniere,
felon Campanus, laquelle ne trouvons a-
voir encores efté traictée en l'vfage de
l'Aftrolabe.

Pour dreffer donc vne figure felon la
maniere de, de Monte Regio, laquelle entre les autres eft la meilleure & plus raifô-
nable convient fçavoir juftement l'heure
par le Soleil, Eftoille, ou Horologe : &
mettre la petite reigle avec le Degré du
Soleil, fur icelle heure (comme avons demonftré cy devant) en tenât ferme le Zo-

L ij

diaque en icelle situation. Puis cercherez les quatre Angles par la doctrine precedente, qui seront pour le commencement de la premiere, quatriesme, septiesme, & dixiesme Maisons. Au reste, pour les huict autres, faut regarder les huict Degrez de l'Eclyptique, qui tombent dessus l'vne & l'autre partie des 4. grands Cercles, descrits tant dessus comme dessoubs l'Horizon, és Tables des Regions: à sçavoir pour la seconde Maison le Degré du Zodiaque, qui est sur l'Arc prochain de l'Horizon Oblique, tendant à la ligne de Minuict, & la troisiesme au semblable Arc ensuivant. Consequemment pour la cinquiesme & & sixiesme prendrez garde aux deux Arcs d'entre l'Angle de la Terre & d'Occident. Et apres avoir cōstitué icelles six premieres sans regarder sur les parties d'iceux Arcs, vous pourrez trouver par semblable Degré des Signes opposites les six autres Maisons: car la premiere est opposite à la septiesme, (comme nous auōns dict) la seconde à la huictiesme, la troisiesme à la neufiesme: l'Angle de la Terre à la dixiesme la cinquiesme à l'ynziesme : & finalement la sixiesme à la douziesme.

Figure pour Exemple.

Thema cœleste

Figure des 12. Maisons Celestes, selõ les raisons de, de Monte Regio.

Quarante & vniesme propofition.

La seconde maniere pour Domifier selon les Anciens.

Vous pourrez d'avantage (selon les Anciens) trouver les douze Maisons du Ciel par la doctrine qui s'ensuit. Premieremẽt faut cognoistre comme dessus les quatre

Angles, puis adrefferez le Degré de l'Afcendant fur l'Arc de la huictiefme heure
inegale, & le Degré qui cherra fur la ligne
de Minuict eft le commencement de la
feconde Maifon, & le Degré oppofite fe
trouve au commencement de la huictiefme Maifon. En apres ramenerez de rechef
ledict Afcendât à la fin de la dixiefme heure inegale, & le Degré que trouverrez fur
ladite ligne de Minuict, eft le commencement de la troifiefme Maifon: Et fon degré
oppofite tenant la ligne Meridienne commence la neufiefme Maifon. Ce faict, pré-
drez le Degré de la feptiefme, & le dreffe-
rez fur la feconde heure inegale, adonc le
Degré du Signe qui cherra fur la ligne de
Minuict, fera le commencement de la cinquiefme Maifon, & fon Degré oppofite
tient l'entrée de l'onziefme Maifon. Semblablement vous tournerez ledict Degré
de la feptiefme fur la quatriefme heure
inegale, & le Degré tenant la ligne de Minuict commencera la fixiefme Maifon, &
fon Degré oppofite tenant la ligne de Midy, doit commencer la douziefme Maifon. Vous voyez toutes les 12. Maifons

egalées selon la mode des Anciens, suivāt
la precedente figure.

Figura genituræ N.

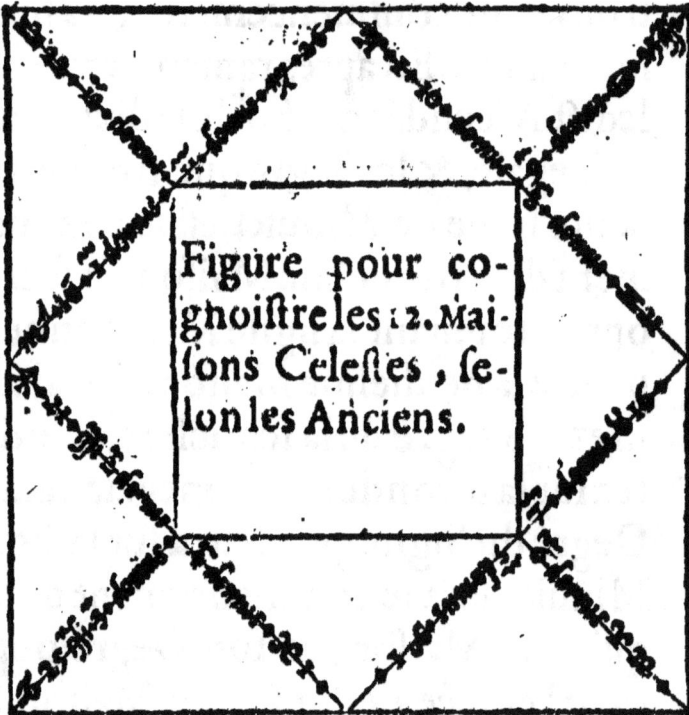

Figure pour co-
gnoistre les 12. Mai-
sons Celestes, se-
lon les Anciens.

Vous pourrez aussi par autre supputation (selon ceste seconde maniere) trouver à peu pres lesdictes douze Maisons, en
mettant la reigle sur le Degré de l'Ascendant & marquāt le poinct du Limbe qu'elle touche. Apres ce Diviserez en trois par-

ties egales l'Arc, qui est depuis ledit poinct
iusques à la ligne de Midy, & la reigle dres-
sée à la premiere division, qui est sur l'Horizon, divisera & distinguera le commencement de la douziesme Maison, aux Degrez de l'Eclyptique. Aussi icelle reigle
transportée sur la seconde division, en tirant à la ligne de Midy, demonstrera l'vnziesme Maison.

Semblablement l'Arc, qui est depuis le
poinct noté à l'Ascendant iusques à la ligne de Minuict, divisé en trois portions
egales, nous enseignera le commencemét
des autres Maisons : à sçavoir la seconde
par la premiere division notée sous l'Horizon, & la troisiesme par la seconde division, tendant en la ligne de Minuict, en y
adressant la reigle par leur commencement, comme il est dict : par les Degrez opposites d'icelles cognoistrez le commencement des autres Maisons comme devant.

Quarante-deuxiesme proposition.

Cognoistre les Aspects & Regards, tant
des Estoilles Fixes que des Planettes.

L'Aspect des Estoilles, tant Fixes cóme

Erraticques, n'eſt autre choſe qu'vne certaine habitude qu'elles ont aucunesfois
enſemble au Ciel, ſelon laquelle commu-
niquent plus ſenſiblement leurs lumieres,
& Influences. Et combien que leſdicts Aſpects ſe puiſſent cognoiſtre ſans l'Aſtrolabe, toutesfois pource que nous avons parlé des douze Maiſons du Ciel, concernát
les jugemens d'Aſtrologie, auſquels les
Aſpects ſont requis, eſt conuenable brief-
vement en parler ſelon les Degrez de l'E-
clyptique, qui eſt la mode plus vniverſel-
le, car quand aux autres manieres de pra-
ſtiquer leſdicts Aſpects, ſont requiſes Tables, comme celles de, de MonteRegio, ou
autres. Faut doncques entendre, qu'en
comprenant la conjonction entre les Aſpects (mais improprement) il s'en trouve
de cinq eſpeces, à ſçavoir. Conjonction,
Oppoſition, Trine, Quadrat, & Sextil.

Parquoy ſi vous voulez cognoiſtre par
l'Aſtrolabe leſdicts Aſpects, faut entendre
que tous les Degrez ou Eſtoilles diſtantes
de deux Signes (qui eſt la ſixieſme partie
de tout le Cercle) ſe regardent d'vn Aſpect ſextil, côme le premier du Belier au
premier des Gemeaux. Pareillemét ſi 10°

voyez trois Signes ou nonante Degrez,
entre deux Eſtoilles (qui eſt la quatrieſme
partie dudict Cercle) ce ſera vn Aſpect
Quadrat, comme le premier du Belier au
premier du Cancre. Plus ſi vous trouvez
la diſtance de quatre Signes, qui ſont cent
vingt Degrez, ou la troiſieſme partie de
l'Eclyptique, c'eſt vn Aſpect Trine, comme ſeroit le premier du Belier au premier
du Lyon. D'avantage ſi leſdicts lieux ſõt
loing l'vn de l'autre de ſix Signes, ou cent
octante Degrez (qui eſt la moitié du Cercle) ils ſe regarderont d'vn Aſpect oppoſite, comme le premier d'Aries, & le premier de Libra, *ſont en Aſpect d'Oppoſition.*

Finablement quand deux Eſtoilles ſont
enſemble en vn meſme Signe & Degré,
cela eſt dit Conjonction.

Et convient ſçavoir que deſdits Aſpects
en y a trois, ſçavoir eſt, le Sextil, le Quadrat, & le Trine, qui ſont doubles, regar-
dans à dextre & à ſeneſtre. L'Aſpect ſeneſtre eſt fait ſelon l'ordre des douze Signes
du Zodiaque & le dextre, au contraire cõ-
tre l'ordre, & ſucceſſion deſdicts Signes.

Exemple, La Lune eſtant au premier
du Belier regarde Iupiter au commence-

ment du Verſeau d'vn Aſpect Sextil dextre: & d'autre coſté regarde Venus eſtant
au premier des Gemeaux, d'vn Aſpect
Sextil ſeneſtre & ainſi des autres, dequoy
auez la figure cy apres deſcrite.

En outre, faut entendre que deſdicts
Aſpects, les vns ſont bons & temperez, &
les autres mauuais, ſelon la repugnance,
ou ſimilitude des Lieux où ils ſont faits, ou
ſelō la Qualité des Eſtoilles, qui ſe trouvēt
auſdicts Lieux, comme le Sextil eſt faict de
deux Signes, convenans en vne Qualité,
ainſi que le Belier, & les Gemeaux, ſem-
blables en Chaleur, qui eſt Aſpect d'Amitié moyenne.

Et le Trine eſt faict de deux Signes d'vne
meſme Nature & Qualité, comme le Bellier & le Lyon, qui ſont Chaulds & Secs,
parquoy eſt Aſpect de parfaicte Amitié &
convenance: mais les Aſpects d'Inimitié
ſe font en Signes repugnans en vne, ou
deux Qualitez, dōt le Quadrat eſt Aſpect
d'Inimitié moyenne, & l'oppoſite de Hai-
ne complette, meſme eſt eſtimé maling, tāt
pour la diſtāce d'vn lieu à l'autre, que pour
leur contrarieté.

Caracteres des Aspects.

⚹ ⚺	.	Sextil Aspect.
△	.	Trine Aspect.
□	.	Quart Aspect.
☌ ☌	.	Conjonction.
☍ ☍	.	Opposition.

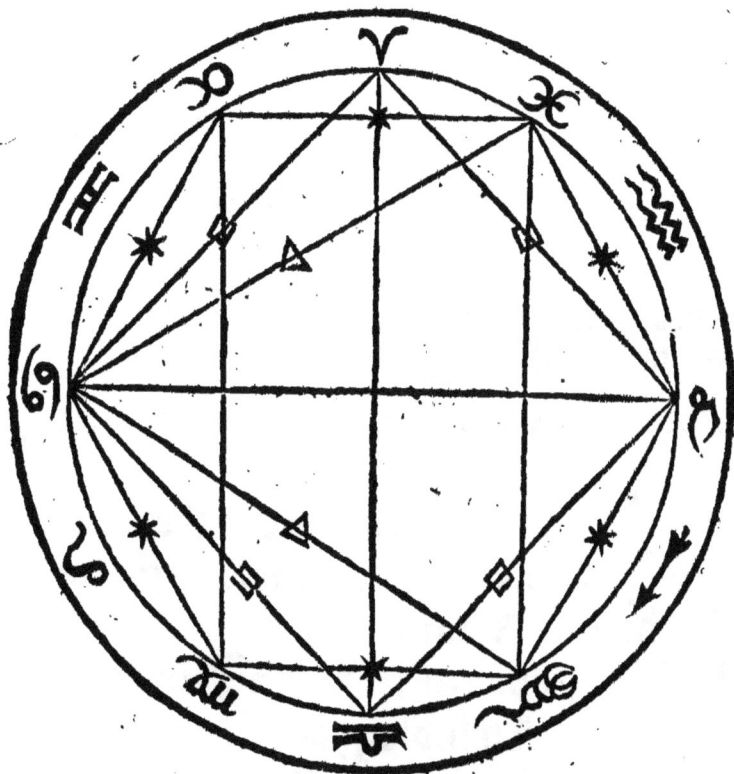

Quarante & troisiesme proposition.

Sçavoir l'Horoscope & Degré, Ascendát
des Revolutions du Monde, ou des Nativitez, & autres commencemens.

Revolution des Ans du monde, eſt quãd
le Soleil retourne au premier Degré & minute du Signe d'Aries, qui eſt de noſtre
temps, environ le dixieſme de Mars, où
nous avons l'Equinoxe du Printemps.

Faut dire aujourd'huy environ le 20. de Mars.

La Revolutiõ des Nativitez, ou d'autre
choſe, comme d'Edifice, Election, & autres commencemens: eſt quand le Soleil
r'entre au meſme Degré & minute qu'il
eſtoit à celle heure, que ces choſes ont eu
leurs commencemens.

Doncques pour ſçavoir touſ les Ans
l'Horoſcope deſdictes Revolutions par
l'Aſtrolabe, il vous convient avoir vne
Racine & temps certain, du commencement d'icelle choſe, ou d'vne des Revolutions precedentes : & noter iceluy temps
par les heures & minutes, au Limbe de
l'Aſtrolabe, pour voſtre Racine. En apres
pour chacun An ſubſequent, faut côpter
du poinct d'icelle Racine octante ſept Degrez, & vingt minutes, ou cinq heures, &
environ quarante-neuf minutes, prenant
quinze Degrez pour vne heure, & quatre
minutes pour vn Degré : Puis dreſſerez la
reigle ſur la fin d'iceluy nombre, ſoubs la-

quelle amenerez le Degré ou eſtoit le Soleil, au temps de la Racine d'icelle Revolution. Ce faict aurez l'Horoſcope avec les
autres Angles, ſuivant leſquels pourrez
trouver les autres huict Maiſons du Ciel,
comme il eſt dict cy deſſus, & dreſſer la Figure Aſtronomique, pour juger de la diſpoſition d'icelle Revolution.

21 Exemple, En l'Année 1500. ſeló Stophler, le dixieſme de Mars à ſix heures 22.
minutes apres Midy, le Soleil entra au
premier Degré du Belier. Ie compte dóc-
ques tout ce temps, au bord de l'Aſtrolabe, & le marque diligemment: car pour
les Années futures il me doit ſervir de
Racine. Cela fait, pour ſçavoir le Degré
de Revolution, pour l'Année 1513. oſtez
de ceſte ſomme 1500. reſtent 13. Années,
auec leſquelles i'entre dans la prochaine
Table des Revolutions & voy tout à l'endroit cinquante cinq Degrez, & ſix minutes: leſquels Degrez & minutes je compte
au bord de l'Aſtrolabe, depuis la marque,
en tirant à main droicte contre l'ordre des
douze Signes : & à la fin du compte j'applique le bout de la reigle, auec le premier
Degré du Belier. Lors je voy qne le 14. du

Scorpion touche l'Horizon Oriental. Ie
dy donc que le 14. Degré du Scorpion,
faict la vraye Revolution de l'Année 1513.
& pendant que le quatorziefme du Scorpion touche & fe tient à l'Horizon Oriental, vous verrez en mefme inftant les Degrez des autres vnze Maifons, fuivant la
maniere de faire de Iean de Mont-Royal.

41 *En tous ces Exemples il y a cela à confiderer, c'eft que Stophler & noftre Auteur ont parlé avant la reformation du Calendrier, & pourtant faut toujours dire 10. iours plus qu'eux à raifon dequoy faut dire à prefent, le 20. de Mars, &
non le 10. Le refte de l'Exemple fe doit reformer
fuivant ce qui a efté dit en l'Exemple de la 39.
propofition.*

Figure dreſſée ſuivant la doctrine precedente.

Figures des douze Mai.
ſons du Ciel, en laquel.
le la premiere Maiſon
monſtre le Degré de la
Revolution du ☉ pour
l'An 1515. à Tubinge, au
mois de Mars.

Iour , Heure, Minute.
10   10   5

Table

Table des Revolutions pour les Années
futures des Nativitez & Edifices.

Le nõbre des Ans.	Les De-grez.	Les Mi-nutes.		Le nõbre des Ans.	Les De-grez.	Les Mi-nutes.
1	87	19		16	317	3
2	174	38		17	44	22
3	261	57		18	131	41
4	349	16		19	219	0
5	76	35		20	306	19
6	163	54		40	252	37
7	251	12		60	198	56
8	338	31		80	145	15
9	65	50		100	91	33
10	153	9		200	183	6
11	240	28		300	274	40
12	227	47		400	6	13
13	55	6		500	97	46
14	142	25		600	189	19
15	129	44		700	280	52

Mais pour autant que ce seroit vne chose laborieuse de compter tousiours depuis
la Racine autant de fois 87. Degrez, &
dix neuf minutes, au Limbe de l'Instrument, comme il y a d'Années passées.
Nous avons icy adjousté vne table appar-

M

tenant à Stofler, par laquelle pourrons facilement trouver lesdictes Revolutions,
en regardant les Ans qui sont depuis la
Racine 1500. iusques à celuy de vostre
Revolution, en entrant auec le nombre
d'iceux descrits dessoubs ce tiltre (le nô-
bre des Ans) au costé senestre de la Table, au droict duquel à la main droicte
trouuerez le nombre des Degrez, qui faut
compter au Limbe de l'Astrolabe, depuis
la marque de la Racine iusques à la fin d'i-
ceux Degrez: par ainsi vous aurez l'heure
que ce faict la Revolution, & dresserez les
douze Maisons du Ciel, comme il est dit.

Et s'il advient que les Ans depuis vostre Racine ne se trouuent en aucuns des
nombres de la premiere colonne qui est à
costé senestre, faut prendre le plus prochain au dessous, & puis entrer avec ce
qu'il en deffaut de tout le nombre, & iceux
Degrez trouuez à deux fois les Adjouster
ensemble, en rejettant tousiours 360. s'il
est besoing, & le reste compter depuis le
lieu de la Racine, selon l'ordre de la description des heures.

Exemple, Posez qu'il y eust depuis la
Racine d'vne Nativité iusques à sa Revo-

lution vingt & cinq Ans, j'entre premierement en la Table avec vingt, qui eſt le
nombre inferieur plus prochain, au droiƈt
duquel ie trouve 306. Degrez & 19. Minutes,& pour ce qu'il reſte encores 5. Ans,
ie viens au droiƈt de ce nombre 5, à ladiƈte
Table, ou ſe trouve 76. Degrez, & 35. Minutes. Leſquels nombres conjoinƈts enſemble font 382. Degrez, & 54. Minutes:
parquoy en rejettant 360. qui eſt tout le
Cercle, en demeure encores 22. Degrez,&
54. Minutes, qu'il faut coimpter du lieu de
la Racine, & là amener le lieu du Soleil,
avec la reigle. Ainſi verrez l'heure que
commence ladiƈte Revolution, & l'Horoſcope d'icelle, comme il eſt diƈt.

FIN DV PREMIER TRAICTE

M ij

LE SECOND

TRAICTÉ DE L'ASTRO-
LABE, COMPRENANT L'VSAGE
des dimensions Geometriques, par l'eschelle Altimettre descrite au dos
d'iceluy instrument, dicte
autrement Quarré
Geometrique.

APRES avoir iusques icy
suffisamment declaré l'vsage de l'Astrolabe, en tant
que touche la speculation
Cosmographique, reste de
deduire l'vsage de l'eschelle Altimetre mise
& descrite au dos dudict Astrolabe. Icelle Eschelle à deux costez egaux, eleuez
perpendiculairement l'vn sur l'autre Quadran d'iceluy dos soubs l'Horizon, dont
la partie de dessoubs, croisant la ligne de
Minuict, s'appelle Ombre, ou Eschelle
droicte, qui est faicte des corps eleuez
droictement sur la Terre, comme est vne
Tour, & autre chose semblable : Et l'autre
qui descend de l'Horizon sur icelle Eschelle droicte, equidistante de la ligne de

Minuict, est appellée Ombre Verse, ou ré-
versée, qui se faict de la lõgueur d'vn corps
equidistant à la superficie de la Terre, cõme est vne perche fichée en vn Mur, sur
laquelle le Soleil donne, & ont lesdictes
Eschelles douze poincts par la position,
desquels nous entendons les choses que
voulons mesurer estre divisées en semblab-
bles nombres, & proportions. D'avantage
la reigle du dos tient le lieu de la ligne visuelle, c'est à dire, celle qui s'estend depuis
le Centre de l'œil, iusques à la sommité de
la chose terminée, ou bien pour le rayon
du Soleil, qui touche le bout d'enhault de
la chose qu'on veut mesurer, finissant on la
superficie de l'Horizon. Pareillement la
ligne de Minuict, qui descend par le Centre de l'Astrolabe, nous represente les choses qu'on mesure, & est mise au lieu des
hauteurs & profonditez.

M iij

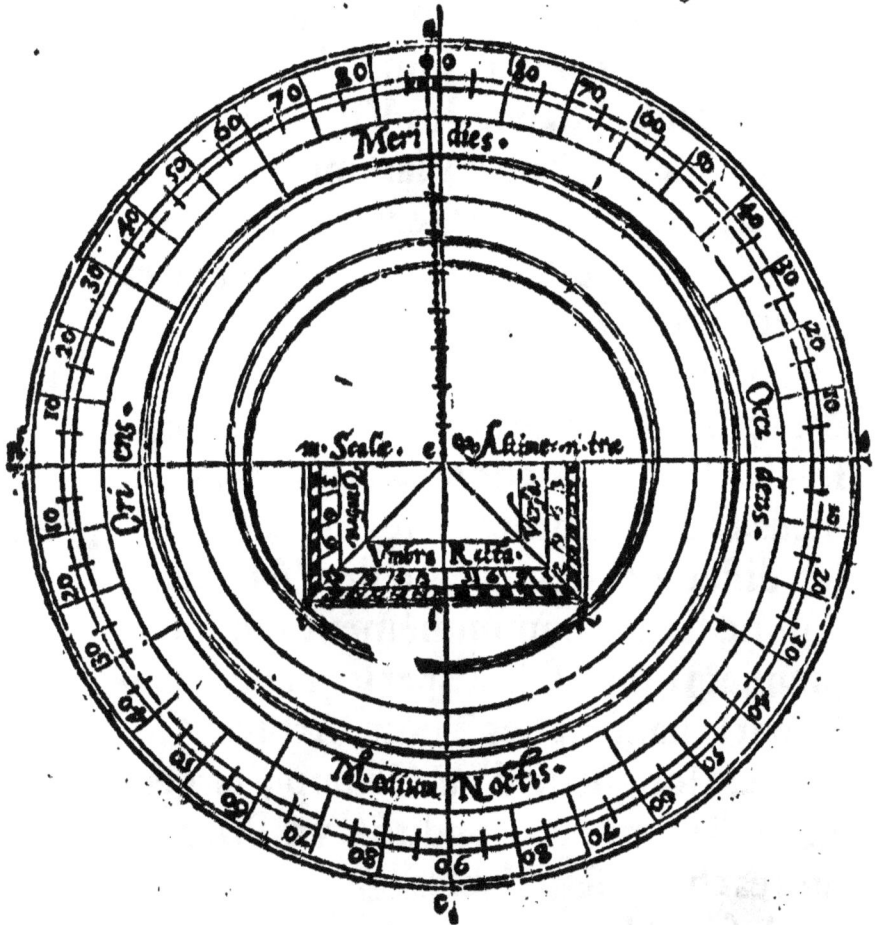

De la quantité & proportion des Mesures.

Premier que descendre à la practique
des mesures, sera commode de declarer la
quantité & portion de celles desquelles
l'on vse communément, & avant ce convient entendre que la dimension des choses, se trouve en trois differences. La premiere est dite Altimetrie, par laquelle sont

me. rées toutes longueurs simples, comme la hauteur d'vne Tour, la longueur d'vn Champ, distance des Villes, & autres Longitudes : L'autre Planimetrie qui se faict en longueur & largeur, comme sont Arpens de terre, & toutes autres mesures superficielles. La troisiesme, Stereometrie, ou Solimetrie, qui est en largeur, longueur & profondité ce qui appartient aux corps solides, Vaisseaux contenans huiles, vins, bleds, & autres choses semblables, desquelles differences en l'vsage de l'Astrolabe l'on ne traicte communément que de la premiere qui est simple, par laquelle se mesurent la hauteur des Tours, Arbres, Colonnes : longueur d'vn Champ, largeur d'vne Riuiere, profondité d'vn Puys, & autres choses semblables.

Mesurer donc en ceste maniere, est cognoistre combien la ligne d'entre les extremitez d'icelle longueur, contient de mesures fameuses. Nous appellons mesures fameuses ou vulgaires, celles qui ont moins d'inegalité entre elles, & sont plus cogneuës à l'homme, comme sont doigts, pieds, pas, & autres mesures composées d'icelles : parquoy faut entendre, qu'vn doigt

M iiij

est l'intervale de quatre grains d'orge
couchez en large & non du long.

La palme est composée de quatre doigts.

Le pied, de quatre palmes, ou 16. doigts.

La couldée, d'vn pied & demy.

Le pas Geometrique, de cinq pieds.

Le commun, de deux pieds & demy.

La toyse, de six pieds.

La verge, ou perche, de 2. pas, ou dix pieds.

La stade de cent &
vingt-cinq pas. *Giont.*

Le Miliere Italique,
de huict stades, ou
mil pas. *Geometriquy*

La lieuë Françoise
est faicte de deux
Milieres. *Italiquy*

Et combien que les
pieds des hômes se
trouvêt inegaux,
neâtmoins l'ô a de
coustume d'ēeslire
vn propre, à la pro-
portion duquel se
mesurêt les terres:
edifices, & autres
mesures publiques
d'vn pays.

La vraye description du demy pied Parisien, ayant 6. punces de long, est plié en 2. parties en la presente figure.

Premiere proposition du Quarré
Geometrique.

Trouver la hauteur d'vne Tour, ou autre
chose par l'Ombre du Soleil.

22 Sçachez quand le Soleil est elevé
de 45. Degrez par la quatriesme proposition du premier traicté, qui se faict seulement en nostre Region, ou le Pole est e-
leué sur l'Horizon, 48. Degrez, & 40. Minut. quãd le Soleil se trouve entre le neufiesme Degré du Belier & le 21. de la Virge. Il se trouve iustement eleué de 45.
Degrez à Midy, deux fois l'Année, sçavoir est, environ le neufiesme & dixiesme
du Belier, & aussi environ le vingtiesme &
vingt & yniesme de la Virge. Lors le Soleil rend iustement la longueur des Ombres egales à la hauteur de leurs corps. l'ê-
tens ces choses és pays & contrées qui ont
vne Latitude semblable à celle de Paris.

22 *Tout ainsi que par le Soleil on trouve la*
hauteur d'vne Tour, ou outre Corps elevé Or-
thogonellement sur l'Horizon; de mesmes le
peut on practiquer par le moyen de la Lune: Mais
soit par le Soleil, ou par la Lune qu'on face telle
observation, il est requis que l'Ombre du Corps à

Mesurer, donne sur vn Plan bien droict & vny;
autrement ne peut on rien faire de certain. Mais
d'autant qu'il est fort fascheux d'attendre que le
Soleil, ou la Lune soient de 45. Degrez d'Eleuation, auquel temps mesmes peut arriver, que le
Ciel sera Nebuleux, & partant l'Ombre ne paroi-
stra point : Outre plus ainsi que dit nostre Auteur à nostre Elevation de Pole la plus part de
l'Année, le Soleil ne vint à telle Altitude ; c'est
pourquoy nous donnerons vn moyen de faire telle observation par vne voye generale bien est
vrayquelle n'appartient pas à l'Astrolabe. Il faut
avoir vn Baston d'vne certaine mesure cogneuë,
comme pour Exemple de 4. pieds de longs , lequel
à l'heure qu'on veut mesurer quelque Corps faut
dresser perpendiculairement & en mesme temps
observer la grandeur de son Ombre & de celle du
Corps à mesurer, & pour Exemple soit l'Ombre
du Baston de 7. pieds & celle de la Tour de 150.
Apres faut dire par la Reigle de trois droicte, Si
7. pieds d'Ombre viennent de 4. pieds de haut de
combien viennenc 150. pieds d'Ombre & la reigle estant faitte on trouvera 85. pieds & cinq
septiéme de pied pour la hauteur de la Tour. Ceste
façon de trouver vne hauteur est tres-vniuersel-
le, car soit que le Soleil, ou la Lune soient elevez
de 2. ou de 3. ou de 30. ou 60. Degrez, &c. cela

n'importe, car il y a tousiours pareille raison de l'Ombre du Baston au Baston, que de l'Ombre de la Tour à la Tour.

Seconde proposition.

Sçavoir la hauteur par la ligne visuelle.

Ceste proposition est plus vniuerselle que la precedente, à cause que le Soleil ne vient pas tousiours à l'eleuation de 45. Degrez, ce qui advient seulement vne fois de-

vant Midy, & vne autre fois apres, le Soleil allant depuis le 9. du Belier iusques au
20. de la Virge: & est aussi aucunesfois obscur, & caché des nuës. Si donc alors, & à
toutes autres heures, soit matin ou autre
téps, voulez mesurer les hauteurs, il vous
convient mettre la reigle du dos sur l'E-
levation de 45. Degrez, ou sur le 12. poinct
de l'Eschelle, au coing qui joinct l'Ombre
droicte & renversée, puis en tenant vostre
Astrolabe pendu iustement par son Anse,
avec la main, vous approcherez ou recu-
lerez de la chose que mesurez, tant que par
les deux pertuis de la reigle voyez la sommité d'icelle. Ce fait, verrez l'espace qui est
entre vous & le pied d'icelle, estre egale à
sa hauteur, en adioustant celle de vostre
œil, à cause qu'il n'est à la superficie de la
terre.

Troisiefme propofition.

Trouver la hauteur d'vne Tour, fans
Aftrolabe, avec deux Rei-
gles, ou Vergettes.

Combié que cefte propofition, & quelques autres fuivantes, ne foient de l'vfage de l'Aftrolabe, nous les avons icy Ad-
jouftées pour mefurer les hauteurs, & en
vfer par faute du dict inftrument.

Vous prendrez doncques deux reigles,
l'vne de la moitié plus petite que l'autre:&

les eleverez fur vn lieu plat, pofant la petite loing de l'autre, autāt comme empor-
te la grandeur d'icelle petite: puis regarderez la Tour par la fommité defdictes reigles, en vous approchant, ou efloignant,
iufques à ce que voyez le couppeau d'i-
celle, & la diftance d'entre la petite reigle,
& le pied de la Tour, fera la mefure de fa
hauteur, en Adjouftant feulement la quā-
tité d'icelle petite reigle.

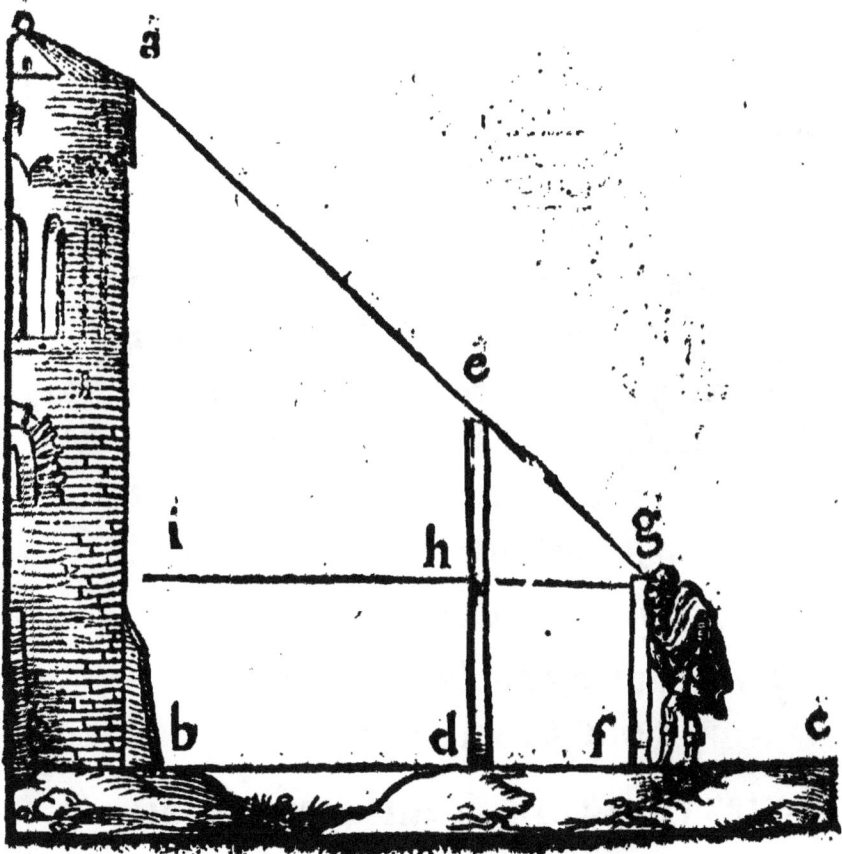

23 La Tour à Mesurer est A B les deux Vergettes sont D E la grande, double à F G la
petite laquelle F, G. est distante de D E. de sa
hauteur en sorte qu'il y a telle distance de D à E.
qu'il y a de F à G & ainsi l'œil estant au poinct
G. regardant par le poinct E. void aussi le
poinct A. qui est l'Extremité de la Tour, cela
faict faut marquer le poinct C en sorte que la
distance C F & F G soient egales, & ainsi on
peut dire asseurement qu'il y a telle distance de B.
à A qu'il y a de B à C: & qu'il y a aussi telle distance de I à A qu'il y a de G à I: & ainsi G
H E. est vn Triangle Isoscele Orthogone &
pareillement G I A est vn semblable Triangle comme aussi C B A. Et est à Noter en ce
lieu que qui n'auroit que le Baston D E. faudroit poser l'œil au poinct C: & en voyant par
E. le poinct A on auroit aussi le requis. Mais
en ceste proposition comme aux precedentes, &
aux suivantes iusqu'à la huictiesme inclusivemét,
il est requis de pouvoir approcher du pied de la
chose à mesurer; & aussi que le Plan soit bien vny.

Quatriesme proposition.

Sçavoir autrement la hauteur de la
Tour par vn Miroir.

Mettez voftre Miroir fur la terre, droi-

ctement & iuſtement, autant loing de vos
pieds, comme eſt la hauteur de vos yeux:
& ſi bon vous ſemble, l'attacherez au bout
d'vne verge, puis regarderez diligemment
dedans lediĉt Miroir en approchant, ou
eſloignant (la diſtance touſiours gardée)
iuſques à ce que voyez la ſommité de la
Tour dedans le Miroir. Apres meſurez
l'eſpace qui eſt entre le Miroir, & le pied
d'icelle Tour: & par ainſi vous aurez iuſtement ſa hauteur ſans rien y Adiouſter.

Generalement en regardant vne Tour
dedans vn Miroir, telle proportion qu'à
l'eſpace d'entre voſtre pied, & le Miroir à
la hauteur de l'œil: telle ſera la diſtance d'ê-
tre le Miroir, & le pied de la Tour à la hauteur d'icelle, par la 4. propoſition du 6. liure d'Euclide.

24. La Tour

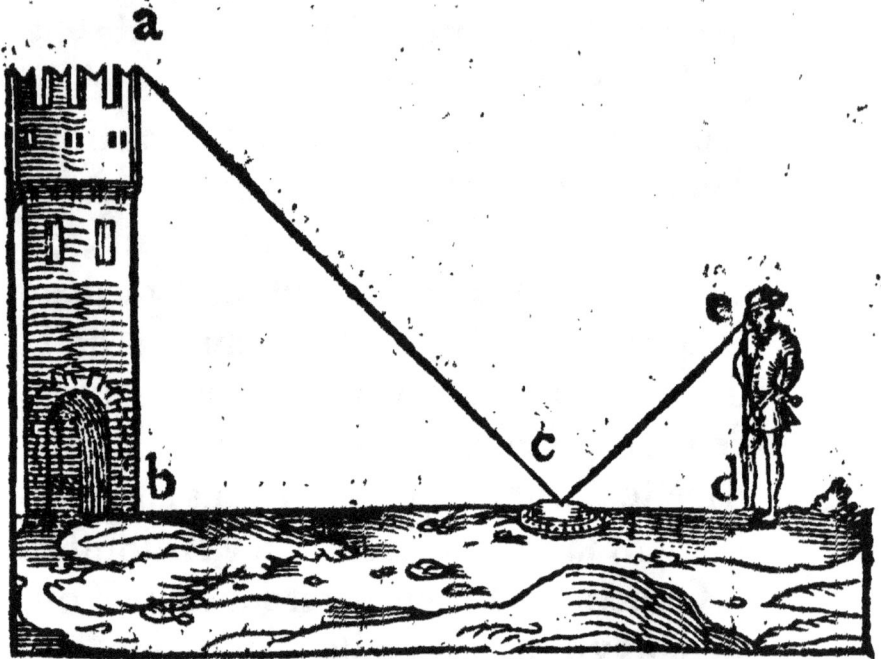

24 *La Tour à mesurer est* A B *le Miroir
est* C *les pieds de l'homme* D *les yeux* E. *En
ceste Practique est à Observer que* A B C. *
C D E. *font deux Triangles Isosceles Orthogones, s'ils estoiët Scalenes il faudroit tousiours regarder quelle proportion il y auroit de* C D. *à* D
E *la mesme seroit de* B C *à* B. A, *comme pour
exemple si* D C *estoit la moitié de* D E *Semblablement* B C *seroit la moitié de* B A, *ainsi
des autres nombres.*

Cinquiesme proposition.

Autre document bien facile à trou-
ver les hauteurs.

Pour sçavoir tant de iour que de

nuict, la hauteur des corps eleuez sur l'Horizon, mettez vous en vn lieu plain, & sur
vne table, escabelle, ou autre chose, mise à
niveau, plantez & mettez à plomb vne
verge bien droicte, à l'environ de laquelle
descrirez vne circonference par vn com-
pas estant ouvert selon la longueur de ladicte verge, mettant l'vn des pieds sur le
poinct ou elle sera plantée, puis il faudra
attédre iusques à ce que l'Ombre du bout
de ladicte verge touchera ladicte Circonference, & lors & en mesme instant si mesurez toute l'Ombre de ce qui sera elevé
sur l'Horizõ, vous direz que ce est la vraye
hauteur de ce qui rend ladicte Ombrĕ. Ce
qui advient seulement quand le Soleil, ou
la Lune sont eleuez de 45. Degrez sur
l'Horizon.

Sixiesme proposition.

Cognoistre les hauteurs quand le Soleil
est elevé sur nostre Horizon, moins de
quarante cinq Degrez,

Pour ce faut noter que toutesfois que
l'on prend la hauteur du Soleil, & elle se
trouve moindre de quarante cinq Degrez, l'inferieure partie de la reigle, cherra

toufiours fur l'efchelle verfé, & alors les
Ombres des corps perpendiculairement
eleuez fur l'Horizon, font plus longues
que la hauteur d'icelle chofe, en telle proportion que douze excede le nombre des
poinĉts que touche la reigle.

Exemple, Si la reigle tombe fur le fixié-
me poinĉt de l'Efchelle verfe, l'Ombre eft
double à fa hauteur, ainfi que douze eft
double à fix. Si fur le quatriefme qui
eft la troifiefme partie de douze, la
hauteur ne fera que la troifiefme
partie. Ainfi faudra iuger des
autres proportions.

N ij

Septiesme proposition.

Avoir la cognoissance desdictes hauteurs,
quand le Soleil est eleué plus de
quarante-cinq Degrez.

Il convient practiquer ainsi que nous
avons dict, par la proposition precedente,
sinon qu'il faut entendre que les hauteurs
des corps, excedent les longueurs, de leurs
Ombres droictes, d'autant que l'Ombre
excede les corps, par la susdicte proposition, quand la reigle touche les poincts de

l'Eschelle verſe, & ne faut avoir eſgard qu'à
la proportion des poinĉts que touche la
reigle, à douze.

Exemple, ſi la reigle tombe ſur le ſixieſme poinĉt de l'Eſchelle droiĉte, cela de-
monſtrera l'Ombre eſtre à moitié de la
hauteur de ſon corps, pourtant que ſix
poinĉts font la moitié de douze, & ainſi
faut iuger des autres.

Huiĉtieſme propoſition.

Trouver la hauteur par la ligne viſuelle.

N iij

Pour trouver en general la hauteur d'vn
corps, elevé perpédiculairement sur l'Horizon, par la ligne Visuelle, faut noter qu'é
regardant la sommité d'vne Tour, ou autre chose, la reigle tombera entre les deux
Eschelles, ou sur vne d'icelles. Parquoy
s'il advient qu'elle chée entre les deux,
l'espace sera egale à la hauteur de la Tour,
en adjoustant la distance de voftre œil à la
terre, comme il est cy devant demonstré.
Mais si ladicte reigle couppoit l'Eschelle
droicte, l'espace avec la hauteur de l'œil,
sera autant moindre, que la grandeur de la
Tour, comme les poincts que touchera la
reigle, seront moins que douze. Au contraire, si elle touche l'Eschelle verse, icelle
espace sera avecques la hauteur de l'œil,
autant plus grande que la grandeur de la
Tour, comme 12. poincts excederont les
poincts de ladite Eschelle, ou se trouve la
reigle Mobile.

Exemple, Si en regardant par les pertuis
de la reigle, le haut & sómité d'vne Tour,
la reigle coupe le sixiesme poinct de l'ō-
bre verse. Ie diray l'espace d'entre mó pied
& la Tour, contenir deux fois autant que
la Tour a de hauteur par dessus mon œil.

Parquoy en méſurant icelle diſtance, &
prenant la moitié d'icelle, vous aurez l'v-
niuerſelle hauteur d'icelle Tour. En ad-
jouſtant contre terre la diſtance, qui eſt
entre mon œil & mon pied. Semblablement faut iuger des poincts de l'Eſchelle
droicte.

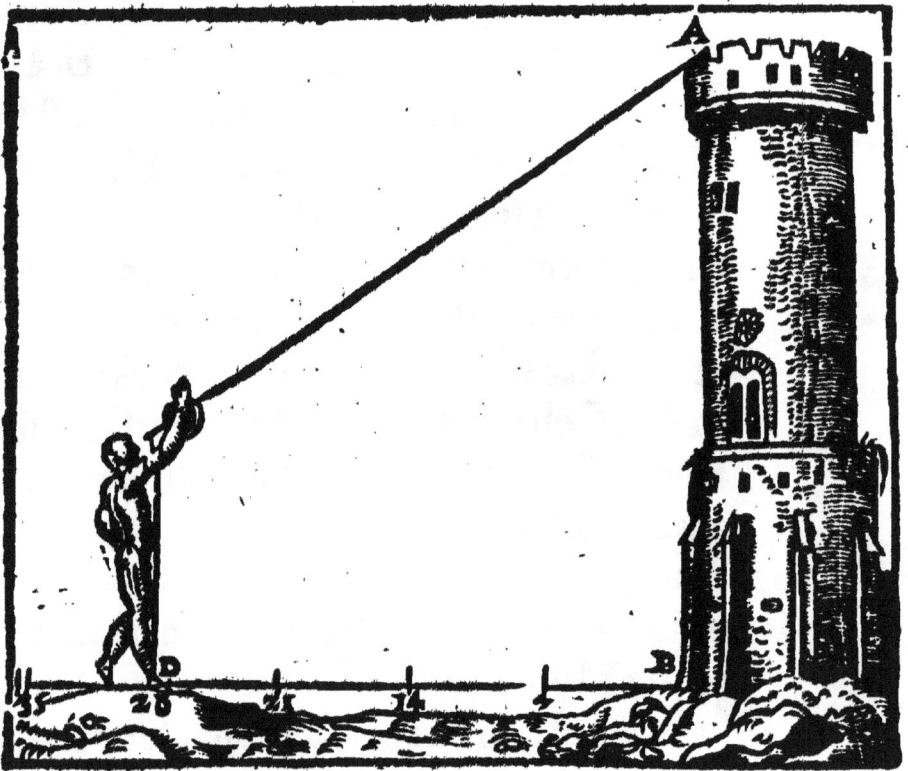

N euſieſme propoſition.

Trouver la hauteur d'vne Tour de laquelle on ne peut approcher.

Si par l'empeſchement d'vn foſſé ou

N iiij

d'vne riviere vous ne pouvez approcher,
du pied de la chose qu'il faut mesurer,
vous trouverez sa mesure toutesfois en
ceste sorte. Dressez vostre instrument en
lieu plat & vny, de sorte que vous voyez la
hauteur de la place à travers les Pinules,
& prenez garde diligemment sur quel costé des Ombres la reigle vient à cheoir, laquelle tombant sur la ligne de l'Ombre
renversée (ainsi qu'il advient le plus souvent) lors voyez quants poincts elle decoupe, & par le nombre des poincts, divisez le nombre douze, & mettez à part le
Quotient, comme si la reigle tombe sur
quatre poincts, lors en divisant douze par
quatre, vous aurez trois pour Quotient,
que vous mettrez à part, puis apres avoir
marqué le lieu ou vous aurez faict la premiere observation, esloignez vn peu de
ce lieu, en reculant, & en vn autre lieu e-
levez vostre instrument, & en voyant le
feste de la chose elevée par les Pinules,
voyez en quel endroict la reigle decoupe
l'Ombre renversée, & par le nombre qu'elle touche, Divisez vne autrefois les douze, & le Quotient mettez à part, lequel
vous osterez du premier, si le premier

Quotient eſt plus grand, & s'il eſt plus petit vous l'oſterez du ſecond, & leur difference ſoit miſe à part, comme ſi la reigle
en la ſeconde Station tombe ſur deux, par
iceux ſoit Diuiſé douze du Quotient qui
eſt ſix oſtez trois, qui eſt le premier Quotient, reſtent trois qu'il faut mettre à part,
puis meſurez l'eſpace qui eſt entre la premiere & ſeconde Station par Pieds, Toiſes, ou Perches, & Diuiſez le nombre de
ceſte meſure par la difference 3 & le nóbre
qui proviendra de telle Diuiſion, en y adiouſtant voſtre longueur, vous monſtrera
ce que demandez.

Exemple, L'on me demande la hauteur
d'vne Tour qui eſt toute environnée d'vn
foſſé plain d'eau, & pourtant ie ne puis aller au pied de la place, au moyen dequoy
en m'approchant au bord du foſſé, ou ie
fais ma premiere poſe qui eſt K, ie voy à
travers les Pinules h, qui fait le plus haut
de la Tour, & ce pendant la reigle me marque au dos de l'inſtrument 6. par leſquels
ie Diuiſe 12. & ay pour Quotient 2. que ie
mets à part. Cela fait ie me recule en proi-
cte ligne, & fais ma ſecóde Station en l, par
ou ie voy à travers les Pinules le feſte de

a Tour qui eſt h, & cependant la reigle me marque ſix, par leſquels ie Diviſe douze, & ay pour Quotient deux, leſquels j'oſte de ſix, premier Quotient: l'ay de reſte quatre que ie mets à part, cela faict, ie meſure l'eſpace des deux Stations k, & l, & trouve ſeize Toiſes, leſquelles ie Diviſe par la difference gardée, qui eſt quatre, le Quotient me faict dire en y adiouſtant ma hauteur qui eſt de cinq Pieds, que la Tour à de hauteur cinq Toiſes moins vn Pied. Mais pour mieux entendre ceſte propoſition, & la ſubſequente, notez premierement que ſi vn vous reſte pour difference, lors l'intervalle des deux Stations ſera egale à la hauteur du corps elevé, en y Adiouſtant touſiours la hauteur du Meſureur. S'il y a deux de difference, la diſtance des deux Stations ſera double à la hauteur du corps elevé. S'il reſte trois, l'eſpace des deux Stations eſtant triplée ſera egale à la hauteur du corps elevé, en y Adiouſtant touſiours la hauteur du Meſureur, depuis ſon pied iuſques à l'œil. Secondement notez que les pertuis des deux Pinules doivent eſtre moult petits pour eviter toute occaſion d'erreur.

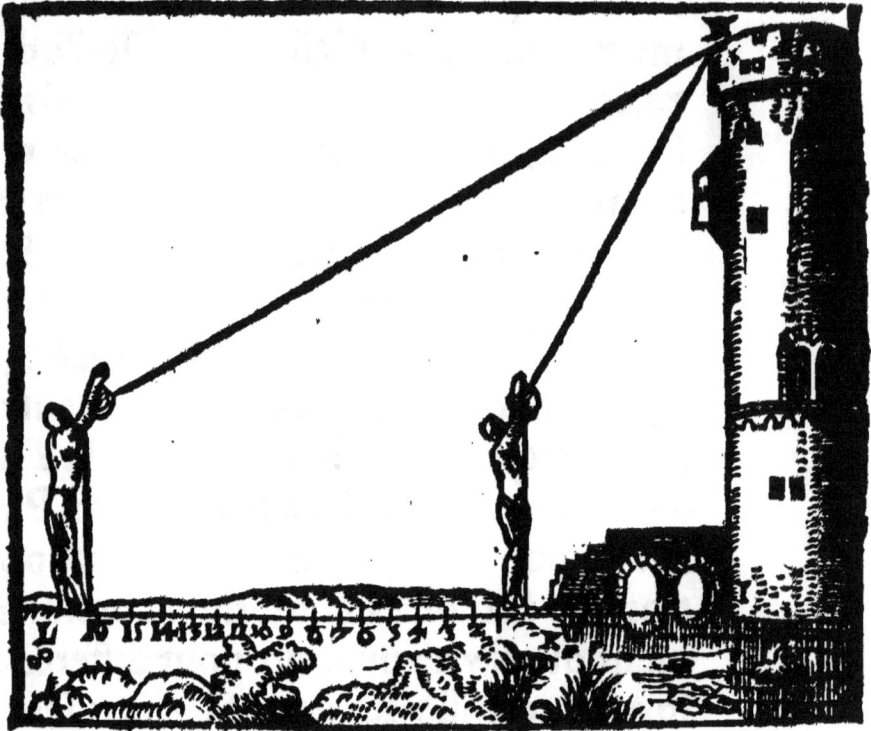

25   En la propofition precedente qui eft la neufiefme eft enfeigné à mefurer la hauteur d'vne
Tour de laquelle on ne peut approcher & ce par
deux Stations: Mais s'il n'y avoit moyen d'en
faire deux à caufe de l'incommodité du lieu;on demande s'il y a poinct moyen de prendre fa hauteur
par vne feule Station? à quoy ie refponds qu'ony.
Apres doncques avoir trouvé par les precedent-
tes la proportion qu'il y a de vous à la Tour, à ladicte Tour faut par la propofition vnziefme trouver la diftance qu'il y a de vous à la Tour & ain-

si vous aurez le requis. Mais si quelqu'vn me
dit: cy deſſus il y a des propoſitions qui enſeignent
à prendre la hauteur d'vne Tour ſans Aſtrola-
be, ſi dōcques par ceſte voye i'auois trouué la pro-
poſition y a entre moy & vne Tour de laquel-
le ie ne puis approcher, n'eſt-il point moyen de
trouver la diſtance qu'il y a de moy à la Tour ſans
Aſtrolabe? ie reſponds qu'ouy. Faut diſpoſer en
ſorte le bort de ſon Chapeau que par l'extremité
d'iceluy on voye le pied de la Tour, cela faiĉt faut
ſe tourner vers vn lieu auquel on puiſſe aller &
regarder vn pareil eſpace de chemin, lequel eſtant
meſuré on aura ce qu'on cerche: en tout cecy eſt re-
quis d'eſtre iuſte en ſes obſervations.

Dixieſme propoſition.

Cognoiſtre la hauteur d'vne Tour ſituée ſur vne Montaigne.

Si vous voulez ſçavoir la hauteur d'vne
Tour ou autre choſe eſtant ſur vne Montaigne, mettez vous en vn lieu plat pres
d'icelle: puis ſelon la doĉtrine premiſe des
deux Stations, prendrez la hauteur de la
Tour, & de la Montaigne enſemble, derechef prendrez la hauteur de la Mōtaigne à
part, laquelle Souſtraiĉte de la hauteur
premiere demeurera celle de la Tour.

Exemple, Voulant mesurer vne Tour,
située sur vne Montaigne, ie regarde premier la hauteur d'icelle Tour, comme si
elle estoit en pleine terre, laquelle ie trouve de 100. pas. Et pource que la Montaigne luy donne advantage, j'observe à part
suivant la maniere de faire de la precedente proposition, sa hauteur laquelle ie trouve de 50. pas, que ie Soustrais de toute la
hauteur, auparauant de moy trouvée, & il
m'en demeure 50. pas qui est la hauteur
particuliere d'icelle Tour. Par ce moyen
vous pourrez mesurer la longueur d'vne
fenestre, ou l'advantage de la couverture
d'vne Maison, & autres choses semblables.

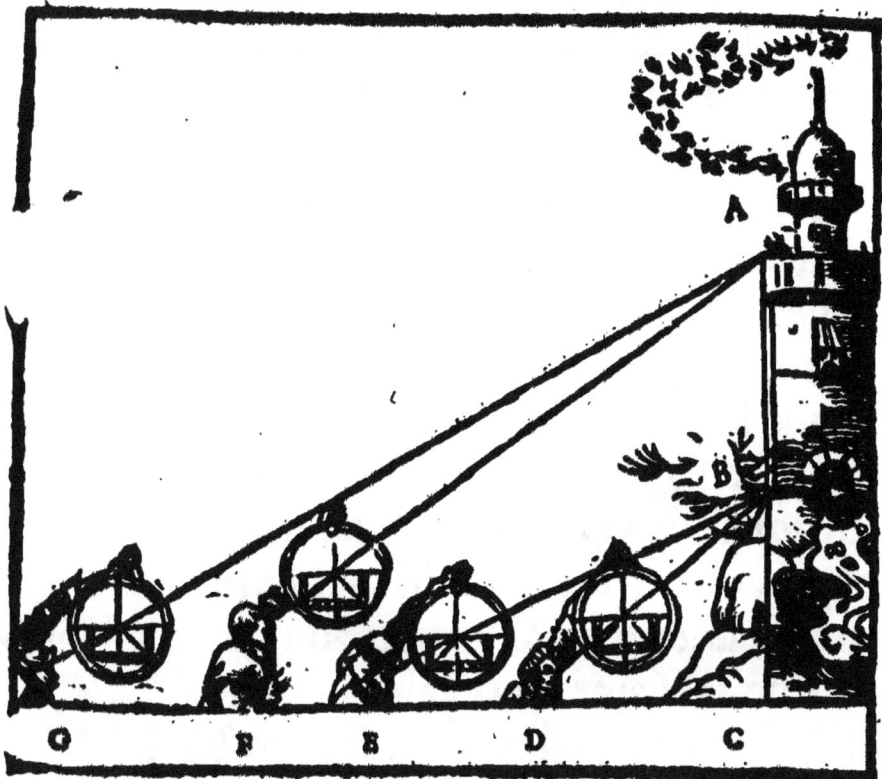

Vnziefme propofition.

Mefurer la longueur d'vn Champ,
ou autres planures.

Es precedentes propofitions par la Lõgitude incogneuë & certaine vous auez apprins l'Altitude de quelque corps elevé qui vous eſtoit paravant incogneuë, par la prefente vous aurez le rebours, c'eſt à ſçavoir, que par la hauteur cogneuë vous aurez la longueur incogneuë en ceſte ſorte.

26   Ayez vne mefure comprenant la hau-

tour de voſtre œil, iuſques à la plante de
voſtre pied, laquelle meſure ſoit iuſtemēt
Diviſée en 12. pars, ſur le bout de laquelle
dreſſez voſtre inſtrument, & viſez ſi bien
que vous voyez le bout & l'vnité de la
Plaine que vous voulez meſurer. Cela
faict, voyez en quel endroict de l'Ombre
renverſée la reigle repoſe. Prenez les
poincts que la reigle Diviſe, & d'iceux
Diuiſez 12. le Quotient vous dira quelle
eſt la portion de la verge au reſpect de la
Plaine que vous meſurez, car ſi la reigle ſe
joinct au Diametre du Quadran, lors la
longueur de la Plaine ſera egale à la hauteur du Baſtó. Si la reigle touche le poinct
11. de l'Ombre renverſée, lors la longueur
de la Plaine, aura vne longueur & vne vn-
zieſme partie du Baſton. Si elle touche le
dixieſme poinct de l'Ombre renverſée, la
Plaine contiendra vne fois la longueur du
Baſton & vn cinquieſme de dix. Et ainſi
jugerez des autres poincts par leſquels
(comme i'ay dict) vous Diviſerez 12. qui
ſont la hauteur du Baſton, & le Quotient
vous monſtrera quantesfois la longueur
de la Plaine doit comprendre de fois la lō-
gueur du Baſton.

26 *Il faut noter en ce lieu que pour prendre vne grande distance, il est necessaire de s'elever vn peu haut & le plus haut qu'on s'eleve, faict prendre vne plus grande distance : comme pour Exemple, si on faisoit ceste practique estant sur vne Tour qui fust de 600. pieds de haut qui sont 100. Toises on pourroit mesurer vne espace de 1200. Toises. Que si on n'est elevé que de 10. Toises on ne peut mesurer que 120. Toises de distance, selon la doctrine de nostre Auteur.*

Exemple, Ie vueil sçavoir de quelle longueur est vne piece de terre, ie dresse mon Baston perpendiculairement party en 12. & par son bout à travers les Pinules, ie voy la borne de la piece, & quant & quant i'ay arresté la reigle sur le troisiesme poinct, ie Divise 12. par trois, le Quotient me faict dire que la piece de terre à de longueur quatre fois la longueur du Baston.

Douziesme

Douziesme proposition.

Mesurer les Puys , Fosses , Cisternes , &
& autres lieux deprimez desquels
l'on peut voir le fond , &
dont la largeur est
cogneuë.

Tout ainsi que nous Mesurons les hauteurs incogneuës , par les distances cogneuës : Pareillement Mesurons les profonditez par la cognoissance de leurs lar-
geurs.

Q

Pour trouver doncques la profondité
d'vn Puys, la faut regarder par la reigle, en
adreſſant la veuë depuis la plus prochaine
partie du bord du Puys, iuſques à l'oppoſite, & plus diſtante de l'eau, & lors ſi la reigle chet ſur le 12. poinct, de l'vne ou de
l'autre Eſchelle de l'Ombre renverſée, la
largeur du Puys ſera egale à la profondité: mais ſi elle tombe ſur l'Eſchelle Droicte (comme il advient ordinairement) la
dicte profondité ſera plus grande que la
largueur de la gueule du Puys: d'autant
que les poincts que touchera icelle reigle,
ſeront moins que douze. Au contraire,
quand elle tombe ſur les poincts de l'Ombre verſe, la profondité eſt plus petite que
la largeur, ſelon la proportion d'iceux
poincts à douze.

Exemple, Voulant meſurer la profondité d'vn Puys, qui ſoit A B C D, en regardât
par les deux poincts oppoſites du haut, &
du bas, comme A D, ie trouve la reigle du
Dos, coupper le douzieſme poinct, entre l'Eſchelle Droicte & verſe, Parce ie cognois la profondité d'iceluy Puys, eſtre e-
gale à la largeur: mais ſi elle tomboit ſur le
ſixieſme poinct de l'Eſchelle Droicte (cô-

me il advient ordinairement en telles dimenfions) alors la largeur feroit la moitié de la drofondité, tellement que fi la largeur dudict Puys fe trouve de fix pieds, ie
dy le Puys eftre profond de douze Pieds.
Pareillement fi la reigle touchoit fur le
premier poinct d'icelle Efchelle, qui eft la
douziefme partie de la largeur : alors le
Diamettre fera la douziefme partie de fa
profondité, laquelle felon l'exemple pre-
mife, contiendra feptante & deux pieds Et
ainfi faut iuger des autres proportions, felon les poincts que touchera la reigle.

O ij

Oculus dʼLʼvʃoria

altitudo putei 3 pollicum

Linea viʃualis

16

Profunditas putei

24

Profunditas vera

Puteus

32

Fundus putei

8

AMPLIFICA-
TION DE L'VSAGE DE

L'ASTROLABE, POVR OB-
ſerver les vrais lieux
des Aſtres.

Compoſée par Iacques Baſſentin Eſcoſſois.

De l'Amplification de l'vſage de l'Aſtrolabe, &
de certain adjouſtement à la fabrique d'iceluy.

CHAPITRE I.

E v x qui ont eſcrit de
l'vſage de l'Aſtrolabe,
n'ont point encor mis
en avant ceſt inſtrumẽt,
ſinon pour vn Planiſ-
phere, l'accommodant
bien peu aux obſervations que l'on peut
faire des Aſtres: meſme Stofler (qui a eſté
l'vn des plus amples) dit en la 38. propoſition de la ſeconde partie de ſon livre de
l'Aſtrolabe, que par ledit inſtrument on
ne peut ſçavoir le Degré du Signe ou eſt
la Lune, ny ſemblablement les vrais lieux
de chacune des autres Planettes, excepté

O iij

le Soleil: & aussi qu'ō ne peut sçavoir leurs Latitudes, ne quand elles sont Directes ou Retrogrades: mesmement il entend qu'écores l'on ne peut sçavoir le Degré du Signe auquel sont les Estoilles Fixes, tant celles qui sont en l'Araigne, que celles qui n'y sont point: disant aussi que les Latitudes des Estoilles Fixes ne peuvent estre cogneuës par l'Astrolabe: lesquelles choses sont les plus necessaires, & sont fort requises par ceux qui se delectēt en tel Art. Ce que nous voyans, avons icy mis la maniere par laquelle lesdictes choses se pourront faire. Et outre avons adiousté aucunes autres propositions, en amplifiant la practique de cest instrument, & ce avec demonstrations Geometriques, desquelles par cy devant n'a point esté faict mention en l'vsage de l'Astrolabe.

Pour venir donc à la maniere de trouver les choses dessusdictes: il conviēt premierement noter quelque Adioustement que nous avons faict sur la Fabrique dudict instrument, lequel est tel.

Il faut mettre en son lieu le Pole du Zodiaque sur l'Araigne: qui est chose aisée és Astrolabes, desquels le Colure Sol-

ſticial de l'Araigne eſt continué ſans eſtre
entrerompu. Or eſtant ledit Colure ſans
entrerompure, l'impoſition dudit Pole ſera telle : Appliquez le commencement du
Signe de Capricorne, au Meridien de la
Table de voſtre Region: puis nombrez au
long dudict Meridien depuis l'Equinoctial vers le Centre de l'Aſtrolabe, 66. Degrez & 30. Minutes: & à la fin de la ſuppu-
tation faictes vne marque ſur la Droicte
ligne du Colure, qui paſſe par les commē-
cemens du Cancre & de Capricorne, laquelle Marque repreſentera touſiours le
Pole du Zodiaque ou de l'Ecliptique.

Semblablement à cauſe des Latitudes
des Planettes Meridionales, eſtans aux Signes vers le Tropique d'Hyver, pour les
obſervations d'icelles : eſt neceſſaire que
l'Aſtrolabe ſoit augmenté de huict Almicantaraths complets outre le Cercle de
Capricorne. En quoy combien que la Capacité de l'inſtrument ſoit aggrandie, toutesfois le diametre de l'Ecliptique ne ſera
point changé. Et de cela nous ſuffiſe touchant l'Adiouſtement faict ſur la Fabrique de l'Aſtrolabe.

O iiij

Pour demonstrer en quel endroit c'est que le lieu
apparent de l'Estoille ne differe point de son
vray lieu, selon la Longitude du Zodiaque.

CHAP. II.

LE s vrayes Longitudes des Astres sôt
determinées par les grâds cercles, pas-
sans par les Poles de l'Eclyptique, & par le
Centre du corps de l'Astre: pource la di-
verse situation du Pole de l'Eclyptique au
Cercle qu'il descrit par le mouvement
iournel à l'entour du Pole du Monde,
faict, que le Cercle qui passe par les Poles
de l'Eclyptique, & par le Centre du corps
de l'Estoille, entre coupe le Cercle Vertical au Centre de ladiête Estoille, dont le
lieu visual de l'Estoille en Longitude sera
tousiours different du vray lieu, fors seulement quant il adviendra que ladiête E-
stoille aura sa distance depuis la ligne de
Midy (selon l'Arc de l'Horizon) egale à
celle du Pole de l'Eclyptique, depuis la ligne de Minuiêt. Et lors le grand Cercle
qui passe par les Poles de l'Eclyptique, &
par le Centre de l'Estoille passera aussi par
le poinêt du Zenith. Dont le lieu Visual de
l'Estoille en Longitude ne differera point
du vray : de sorte qu'en telle situation se

trouve que touſiours le Degré de l'Eclyptique de la Longitude de l'Eſtoille, ſera
diſtante par la quarte partie de l'Eclyptique, en comptant depuis le Degré qui
lors monte en l'Horizon contre l'ordre &
ſucceſſion des Signes. Dont eſt auſſi qu'é
telle ſituation l'Arc de l'Horizon (ce que
nous appellons amplitude ortiue) compris entre le Degré de l'Eclyptique, qui eſt
aſcendant ſur l'Horizon & le poinct du

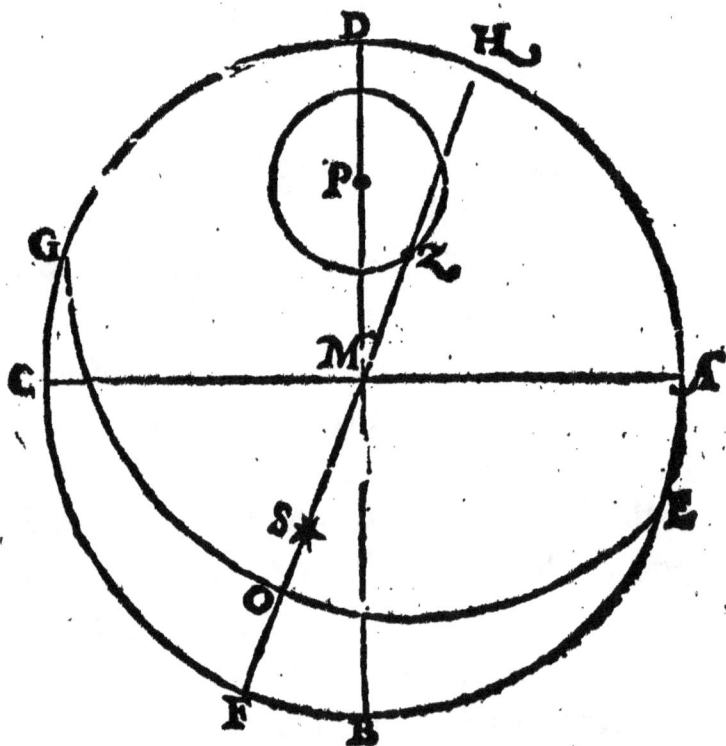

vray Orient ou ſe leve l'Equinoctial, ſera
egal à l'Arc dudict Horizon, compris en-

tre le Meridien & le Cercle Vertical, qui
denote l'Azimuth de l'Eſtoille : comme
l'on peut voir en ceſte figure, ou l'Horizō
eſt A B C D, le Zenith ou point Vertical eſt
M, le Pole du Móde eſt P, & le point z, eſt le
Pole du Zodiaque, en la Circonference
du Cercle Arctique, le Cercle Meridien eſt
D M B, dont le Cercle Vertical, ou ſe leve &
couche l'Equinoctial eſt A M c, Le poinct
de l'Orient eſt A, & celuy de l'Occident
eſt c.

Soit donc que le Pole de l'Eclyptique z,
& le Centre de l'Eſtoille, ſe trouve en vn
meſme Cercle paſſant par le poinct du Zenith M, comme eſt de l'Arc z M s: puis ſur le
Pole de l'Eclyptique z, deſcrivons vn Arc
d'vn grand Cercle G O E, lequel repreſentera l'Eclyptique. Maintenant pource que
le Semicercle H S F, eſt paſſant par les Poles, c'eſt à ſçavoir de l'Eclyptique, au point
z, & de l'Horizon, au poinct M, il ſera en
coupant ladicte Eclyptique au poinct o, &
l'Horizon au poinct P, à Angles Droicts.
Parquoy eſt neceſſaire que les Poles dudict Cercle H S F, ſoient aux Circonferen-
ces de l'Eclyptique & de l'Horizon aux
poincts G, & E. Dont les Arcs G O, & G F,

font Quadrans, ainſi que demôſtre Theo-
doſe en ſes propoſitions. Semblablement
il faut conclure que c b, eſt Quadran de
l'Horizon. Mais l'Arc g c, eſt l'Amplitude ortive du degré de l'Eclyptique en
l'Horizon:& f b, eſt la diſtance de la Planette du Meridien determiné par l'Azimuth , ou Cercle Vertical h m s f. Doncques l'Arc f c, de l'Horizon, qui eſt commun aux deux Quadrans f g, & b f , eſtant
Souſtraits d'iceux, les Arcs g c, & f b, reſte-
ront egaux: dont auſſi l'Arc d h, qui eſt la
diſtance du Pole de l'Eclyptique, depuis la
ligne de Minuiſt , eſt egale audiſt f b, qui
eſt la diſtance de l'Eſtoille du Meridien.
Et pource que le vray lieu de l'Eſtoille eſt
determiné par le grand Cercle qui paſſe
par les Poles du Zodiaque, & par le Centre de l'Eſtoille: & que le lieu apparent eſt
determiné par le grand Cercle qui paſſe
par le Zenith, & par le Centre de ladiſte
Eſtoille: dont en ceſte figure ſe termine en
vn meſme lieu en l'Eclyptique au point o,
qui eſt diſtant du Degré qui eſt en l'Horizon, par vne quarte partie de l'Eclyptique:
donques l'Amplitude du Degré Aſcendant eſtant egale à la diſtance de la Pla-

nette du Meridien , est necessaire que le
Degré de l'Eclyptique auquel la Planette
est selon sa Longitude , soit par nonante
Degrez distant depuis l'Ascendant. Ce
qu'il a fallu demonstrer.

Pour trouver les vrays Longitudes & Latitu-
des des Estoilles Fixes, qui sont posées en l'A-
raigne, ensemble la denomination de leur La-
titude.

CHAP. III.

EN regardant tousiours l'Estoille proposée, & le Pole de l'Eclyptique, tour-
nez les quant & quant l'Araigne, iusques
à ce que ladicte Estoille, avec le Pole de
l'Eclyptique se trouve de long soubs vn
mesme Azimuth, ou Cercle Vertical, marqué en la Table de vostre Region: Car en
telle situation, si vous regardez le Degré
de l'Eclyptique, à lors qu'il est en l'Horizon, & depuis iceluy, nombrant 90. Degrez contre l'ordre des Signes , aurez le
Degré & minute , en quoy est vostre E-
stoille , selon la Longitude du Zodiaque.
Mais en la plus part des Astrolabes les A-
zimuths ne sont marquez par lignes, sinon
de dix en dix, ou bien en quelques vns de

cinq en cinq:dont il advient en faisant l'o-
peration cy deſſus, que ladicte Eſtoille &
le Pole de l'Eclyptique, ne ſe rencontre-
ront que peu ſouvent ſus vn Azimuth qui
ſoit marqué. Parquoy ſera neceſſaire d'en
imaginer d'autres, entre ceux qui ſōt mar-
quez:Car s'ils ſont marquez de dix en dix,
lors convient imaginer neuf Cercles en-
tremy,qui feront dix eſpaces. Et en ceux
qui ſont de cinq en cinq,convient ſemblablement imaginer quatre Cercles en-
tremy.

Si doncques vous deſirez ſçavoir la
vraye Longitude de quelque Eſtoille, laquelle ne ſe rencontre point avec le Pole
de l'Eclyptique,ſur l'vn deſdits Azimuths
marquez en l'Aſtrolabe, il convient lors
proportionner la diſtance de l'Eſtoille,de-
puis le Meridien à la diſtance du Pole de
l'Eclyptique, depuis la ligne de Minuict,
ſelon l'Arc de l'Horizon, determiné par
l'Azimuth,ou Cercle Vertical,qui eſt imaginé paſſer par les lieux d'iceux:de maniere que la diſtance de l'vne ſoit devers l'O-
rient,& la diſtance de l'autre vers l'Occi-
dent.Puis regardez le Degré de l'Eclypti-
gue,qui eſt lors Aſcendant, en faiſant cō-

me a esté dict cy dessus.

Mais si en vostre Instrument le Pole de
l'Eclyptique ne peut estre posé, à cause de
l'interrompure dessusdicte, lors faicte vostre operation, avec la distance de l'Estoille du Méridien, à l'Amplitude du Degré
de l'Eclyptique Ascendant. Ayant donc
le Degré de la Longitude de l'Estoille, nô-
brez au long du Cercle Vertical, les Almicantaraths compris entre ledict Degré
de l'Eclyptique & le lieu ou est posé le Cêtre de vostre Estoille: Car tel nombre d'Almicantaraths, s'ils sont marquez de Degré en Degré, sera la Latitude de l'Estoille, laquelle Latitude prendra sa denomination Septentrionale, si elle est comprise
dedans la Circonference de l'Eclyptique,
vers le Centre de l'Instrument, ou Pole du
Monde: ou bien la denomination sera Meridionale, quand elle se trouvera comprise
entre ladicte Circonference de l'Eclyptique, & le Limbe de l'Instrument.

Exemple, Supposons que nous ayons
vn Astrolabe duquel la Table soit faicte
pour l'Elevation du Pole de 45. Degrez,
& l'imposition des Estoilles en l'Araigne,
ait esté selon les Tables de Copernique,

defquelles entre les autres eft vne Eftoille
de la premiere Magnitude nommée Lanceator, de laquelle ie veux fçavoir la vraye
Longitude & Latitude, pour le temps que
l'Inftrument à efté faict. Ie tourne donc
l'Araïgne, en faifant circuir ladicte Eftoille, & le Pole de l'Eclyptique parmy les A-
zimuths, iufques à çe qu'ils fe rencontre-
ront fus vn mefme Cercle Vertical : &
advienne au Cercle Vertical, qui denote
l'Azimuth de 57. Degrez, & 34. Minu. depuis le poinct de l'Occident, ou fe couche
l'Equinoctial, vers le Meridien, dont le
Pole de l'Eclyptique fera en mefme Cercle Vertical, qui denote l'Azimuth 57. Degrez & 34. Minu. depuis le poinct du vray
Orient, ou fe leve l'Equinoctial, vers Septentrion. Parquoy l'Arc de l'Horizon entre l'Eftoille & le Meridien fera 32. Degrez & 26. Minu. depuis le Meridien vers
l'Occident: & l'Arc dudict Horizon entre
le Pole de l'Eclyptique & la ligne de Minuict, fera femblablement de trente deux
Degrez & 26. Minu. depuis ladicte ligne
de Minuict, vers Orient: lefquels Arcs font
toufiours egaux à l'Amplitude ortive du
Degré de l'Eclyptique, qui eft en l'Horizõ,

fur laquelle fe trouve pour lors la fin du 18.
Degré de Capricorne : dont par la Souſtraction de 90. Degrez , contre l'ordre
des Signes, ie trouve que la vraye Longitude de l'Eſtoille Lanceator, eſt le 18. Degré de Libra. Cela faict, ie nombre les Almicantaraths au long dudict Cercle Vertical, compris entre le 18. Degré de Libra,
& le Centre de l'Eſtoille, ou ie trouve que
ſa Latitude eſt de 31. Degrez & 30. Minutes Septentrionales : & ainſi faudra faire
des autres Eſtoilles.

*Pour trouver les vrayes Longitudes & Latitu-
des des Eſtoilles, qui ne ſont ſituées en l'Araigne , par vne poſition feinte : par laquelle
maniere auſsi on aura les vrayes Longitudes
& Latitudes des Planettes, qui n'ont ſenſible
diverſité d'Aſpect.*

CHAP. IIII.

POur la Multitude des Eſtoilles au
Firmament & l'incapacité des inſtru-
mens, les Eſtoilles qui ſont poſées en l'A-
raigne ne ſont que quelques vnes des plus
notables, comme celle de la premiere, ou
ſeconde Magnitude: doncques en regardant quelques Eſtoilles au Firmament,
qui

qui n'eſt point miſe en l'Araigne, & deſirant ſçavoir ſa vraye Longitude & Latitude, il conviendra premierement faire vne
impoſition feinte de ceſte Eſtoille, ſelon
la maniere qui s'enſuit.

L'Eſtoille propoſée qui n'eſt point miſe
en l'Araigne eſtant ſur l'Horizon qu'on la
puiſſe voir, obſervez ſa hauteur & Azimuth, leſquels garderez à part : Puis diligemment obſerves la hauteur & Azimuth
d'vne des Eſtoilles poſées en voſtre Araigne, & quant & quant mettez le poinɛt de
l'Eſtoille qui eſt en l'Araigne ſur ſemblable hauteur parmy les Almicantaraths, ſur
ſemblable Azimuth qu'elle aura eſté ob-
ſervée, puis en tenant l'Araigne ſãs la bouger, imaginez parmy leſdiɛts Almicantaraths & Azimuth vn poinɛt ſelon qu'à eſté
la hauteur & Azimuth de l'Eſtoille, qui
n'eſt point miſe en l'Araigne auquel join-
gnez la droiɛte ligne de l'Oſtenſeur, & fai-
ɛtes vne marque en iceluy au droiɛt dudit
poinɛt imaginé. Et en tenant touſiours lediɛt Oſtenſeur ferme ſans ſe varier, regardez au degré de l'Eclyptique où il touche:
celuy ſera le Degré avec lequel ladiɛte E-
ſtoille viendra au Meridien. Si doncques

P

vous circuiez ladicte Araigne & l'Ostenseur tous deux ensemble, iusques à ce que ladicte ligne de l'Ostenseur soit joincte avec celuy du Meridien, vous verrez la declination qu'aura ladicte Estoille. Car l'Ostenseur estant tousiours joinct audict Degré de l'Eclyptique, ladicte marque en iceluy vous signifiera vne imposition feinte de voftre Eftoille en l'Araigne : laquelle vous feruira à faire tout ce que voudrez par ladicte Eftoille, tout ainfi que de celles qui font mifes en l'Araigne.   Exemple.

Soit propofée l'Eftoille appellée Vindemiator, qui eft en la figure & image de la Virge, laquelle Eftoille n'eft point en mó Araigne : & foit que ie la voye fur l'Horizon douze Degrez de hauteur vers l'Occident : j'obferve fon Azimuth, & trouve par exemple 5. Degrez de l'Occident vers Septentrion. Cela fait, ie voy l'Eftoille Lãceator, qui eft en mon Araigne: & obferve diligemment fa hauteur fur l'Horizon, laquelle je trouve par exemple, de 31. Degr. 55. Minutes vers l'Occident, je la pofe dõc fur femblable hauteur parmy les Almicãtaraths, & imaginant vn poinct parmy les Almicantaraths & Azimuths, tel qu'il a

esté observé pour l'Estoille Vindemiator,
& joignât l'Ostéseur audit poinct, ie trouve l'Ostenseur sur l'vnziesme Degré &
trentiesme Minute de Libra, qui est le lieu
de l'Ecliptique qui vient au Meridien,
avec ladicte Estoille Vindemiator. Puis
sans bouger l'Ostenseur fais vne marque
en la ligne Fiduciale dudit Ostenseur : laquelle me signifiera la vraye place de l'E-
stoille, comme si elle estoit en l'Araigne.
Donc sans aucun exemple il vous sera facile de trouver la vraye Longitude & Latitude d'icelle, si bien avez entendu la precedente proposition.

Par semblable maniere pourrez faire des
Planettes, desquelles la diversité d'Aspect
est bien peu perceptible, comme principa-
lement de Saturne, Iupiter & Mars : dont
par la precedéte proposition, aurez à tout
temps & heure (moyennant qu'on les
voye sur l'Horizon) leurs vrayes Longitudes & Latitudes.

Des diversitez des Aspects, & pour trouver
les vrayes Longitudes des Planettes, desquel-
les la diversité de l'Aspect est sensible.

P ij

IL convient autrement operer qu'aux
precedentes pour avoir le vray lieu de
quelque Planette, qui a sensible diversité
d'Aspect: comme de la Lune, & de Mercure, & selon aucuns, de Venus: desquelles au
temps de l'observation, le lieu Visual ou
apparent differe du vray lieu en vn mesme
Cercle de hauteur: la raison est, que tant
plus la Planette est pres de nous en approchant au Centre du Monde, tant plus le
Semidiametre de la terre à sensible quantité au regard du Semidiametre de l'Orbe
d'icelle Planette. Parquoy la ligne Visuale,
& celle du vray lieu (qui s'entrecouppent
au Centre de la Planette) feront plus grade ouverture, comprenant plus grand Arc
au Cercle de la hauteur: dont le lieu Visual
ou apparent sera tant plus different du
vray lieu de la Planette: Comme pouvez
veoir selon ceste figure, ou le Centre du
Monde est A: & le Semidiametre de la
Terre est A O: le Semidiametre de l'Orbe
de la Lune est A H: & le semidiametre de
l'Orbe de Mercure est A L.

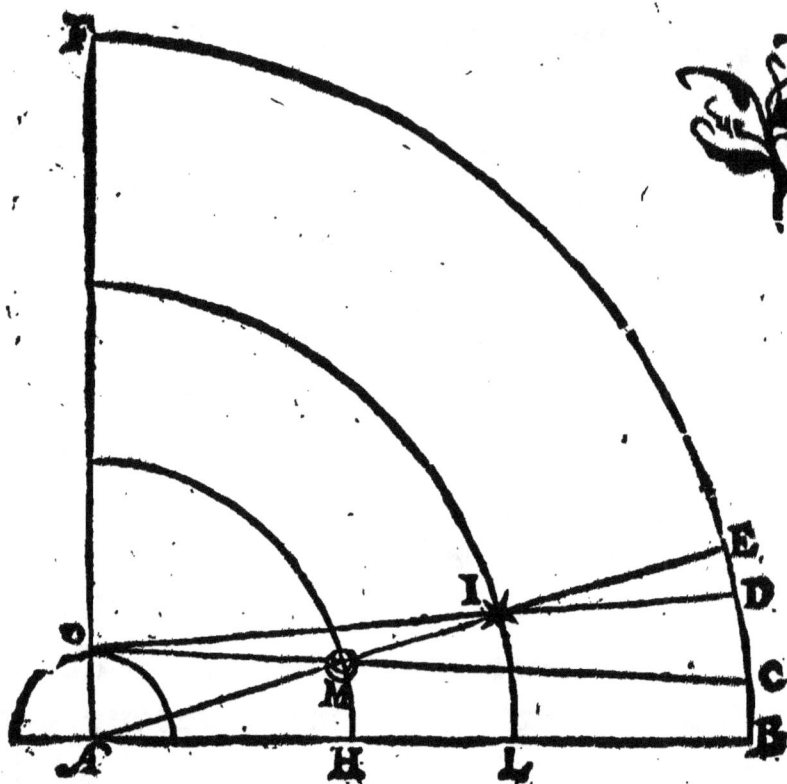

Doncques le Cercle de la hauteur soit
B C D E F: & par le poinct o, soit denoté
nostre œil en la superficie de la Terre : la
Lune estant donques au poinct M, & Mercure au poinct L, leur vray lieu sera au
poinct I, determiné par la ligne A M I: mais
le lieu Visual de la Lune sera au poinct c,
determiné par la ligne o M c: Et le lieu

Vifual de Mercure au poinct D , determiné par la ligne O I D. Or eſt il que l'Arc C E, de la diverſité de l'Aſpect de la Lune cóprend l'Arc D E, qui eſt là diverſité de l'Aſpect de Mercure le ſurmontant de tout l'Arc C D. Parquoy la Lune (qui eſt plus prochaine de nous) à plus grande diverſité d'Aſpect, que Mercure. Ces diverſitez ont variation ſelon que la Planette eſt elevée ſur l'Horizon : car tant plus qu'elles ſont pres de l'Horizon , & plus ladicte diverſité eſt grande, tellement que la Planette qui paſſe par le poinct de noſtre Zenith, comme au poinct P. eſtant là, n'a nulle diverſité d'Aſpect : dót il faut noter que pour la diverſité de l'Aſpect ſimplemét eſt entédue vne Diagonale d'vne figure Quadrágulaire dont les coſtez repreſentent la diverſité de l'Aſpect en Longitude & en Latitude, comme l'on peut veoir ſelon ceſte preſente figure, ou le Meridien eſt A C F. le Zenith eſt le poinct F. & l'Horizon eſt A B C : le Cercle de la hauteur eſt F S L B le Pole du Monde eſt P, & le Pole du Zodiaque eſt Z. l'Eclyptique eſt D E G H: le vray lieu de la Planette eſt au poinct S, & le lieu apparent au poinct L. Produiſons donc par

le lieu apparent le Cercle R L N, equidiſtāt
de l'Eclyptique : Semblablement par le
vray lieu le Cercle Q S O: Puis ſoient me-
nez du Pole de l'Eclyptique z , les Arcs
des grans Cercles paſſans par le vray lieu
& le lieu Viſual de la Planette : comme
ſont les Arcs z s ɪ, & z ʟ ɢ. donc l'Arc, s ʟ,

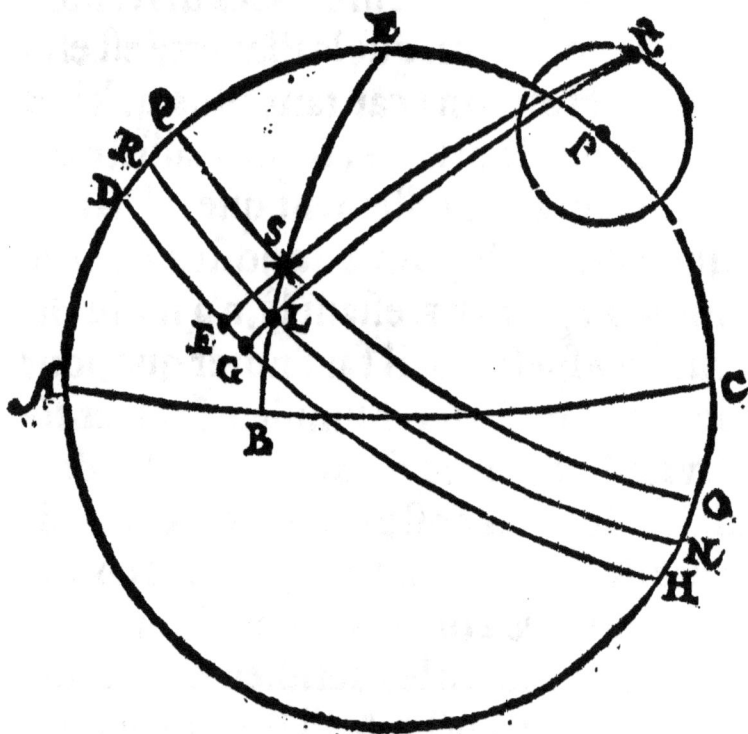

(qui eſt Diagonal de la figure Quadrila-
tere) eſt la diverſité de l'Aſpect au Cercle
de la hauteur:dont le coſté ʀ ʟ, eſt la diverſité de l'Aſpect en Longitude:& ʟ s, la diverſité de l'Aſpect en Latitude, & pource

qu'au nonantiefme Degré de l'Eclyptique
depuis l'Ascendant la diversité de la Longitude est nulle : il est necessaire aux Planettes qui ont senfible diversité d'Aspect,
obferver le vray Lieu en Longitude au
temps que la Planette fera parvenuë au
nonantiefme Degré de l'Eclyptique depuis l'Afcendant, en essayant toufiours felon les precedents Chapitres, que l'Amplitude ortive du Degré Afcendant foit
égale à la diftance de la Planette, depuis le
Meridien felon l'Arc de l'Horizon : car
lors la diversité de l'Afpect ne fera feulement qu'en Latitude. Exemple.

Le troifiefme de Decembre, l'An Mil
cinq cens cinquante & quatre, à cinq heures apres Midy, j'ay voulu obferver dedás
la Ville de Lyon le vray lieu de la Lune,
felon la Longitude du Zodiaque, & par le
moyen d'vne Eftoille Fixe ay obfervé le
Degré de l'Eclyptique Afcendant : ou j'ay
trouvé que l'Amplitude ortive eftoit vers
Septentrion, & la diftance de la Lune depuis le Meridien, felon l'Arc pris en l'Horizon eftoit vers l'Orient plus grande que
l'Amplitude ortive : qui demonftroit que
la Lune n'eftoit pas encore venuë au no-

nantiefme Degre de l'Eclyptique depuis
l'Afcendât. Puis vn peu apres par femblable maniere j'ay obfervé toufiours de peu
en peu, effayant que je trouvaſſe l'Amplitude egale à ladicte diftance de la Lune:
là ou j'ay trouvé que ladicte Amplitude
eftoit quafi de trente-trois Degrez & vingt
Minutes, vers Septentrion. Dont le trei-
ziefme Degré & environ vingt Minutes
de Cancer, eftoient en l'Afcendant. Ie Retrograde donques trois Signes en l'Eclyptique, & trouve que la Lune eftoit treize
Degrez & environ vingt Minutes d'A-
ries. Cela faict, j'obferve le temps de cefte
confideration, par vne Eftoille nommée
Aldebaran, de laquelle la hauteur eftoit
fur l'Horizon de vingt & trois Degrez &
demy: ou j'ay trouvé par le Degré du Soleil, que le temps de ma confideration e-
ftoit à cinq heures & cinquante fix Minutes apres Midy. Et nonobftant que les Tables communes nous donnent le lieu de
la Lune 15. Degrez & vingt-trois Minutes d'Aries, pour le mefme temps dedans
Lyon, je ne veux pas pourtant que cefte
obfervation foit pour reprouver à prefent les calculations, mais pour l'incapa-

cité de l'Inftrument qu'elle foit prife tant
feulement pour exemple de noftre Chapitre.

Du mouvement journal de la Planette, & pour
fçavoir fi elle eft Directe ou Rettograde, ou
Stacionnaire.

C H A P.   V I.

S I doncques vous voulez fçavoir en
quelque temps propofé, combien vne
Planette de fon propre mouvement chemine en vn jour dedans l'Eclyptique : il
faut premierement avoir obfervé le vray
lieu de la Planette en Longitude au jour
precedent, felon qu'avons enfeigné cy devant, en obfervant le temps qu'a efté la
confideration. Par femblable maniere ob-
feruez au jour enfuivant le vray lieu en
Longitude, & auffi le temps, de l'obfervation : puis par la Souftraction du temps le
Mineur du Maieur, aurez le temps entre
les deux confiderations : lequel reduifes
tout en Minutes d'heures. Confequément
regardez le mouvement de la Planette,
qui eft entre les deux confiderations, en le
reduifant à minime fraction, felon les A-
ftronomes, comme en minutes de Degr.

puis en secondes:& la somme desdictes secondes (qui est du mouvement) partissez
par la somme des Minutes des heures, qui
est du temps:& le Produict vous monstrera le mouvement de la Planette en vne
heure,lequel si vous multipliez par 24.au-
rez le mouvement iournal de la Planette.
Ayant doncques le mouvement journal
de quelque Planette,par l'Addition d'iceluy, sur le mouvement du temps de l'observation, aurez le vray lieu de la Planette pour le jour suivant, à telle heure qu'à
esté l'obseruation du jour precedent, mais
par la Soustraction dudict mouvement
journal, du mouvement qui est au temps
de l'obseruation , aurez le vray lieu de la
Planette au iour precedet, pour telle heure qu'a esté ladicte obseruation. Car l'ex-
cés du mouvement journal de quelque
Planette,est peu different d'vn iour à l'autre. Si doncques desirez le vray lieu de la
Planette,à quelque heure du iour, ayez la
difference du temps de l'heure proposée à
celuy de l'obseruation , & consequemmet
le mouvement pour ladicte difference du
temps. Et si le temps proposé est precedet
celuy de l'obseruation,lors du mouuemet

de l'obfervation, Souftrayez le mouvement qui fe faict en la difference du temps:
ou les Adjouftez fi le temps propofé eft
enfuivant le temps de l'obfervation, &
aurez le vray lieu de la Planette pour le
temps propofé.

Si donc le mouvement de quelque.Pla-
nette en la feconde obfervation eft trouvé plus grand (felon l'ordre des Signes)
qu'au temps de la premiere obfervation:la
Planette fera Directe,& fi moindre,elle fera Retrograde: mais quand elle fe trouve
fans varier,elle eft dicte Stacionnaire.

Exemple, Le quatriefme de Decembre
l'An mil cinq cens cinquante quatre à fept
heures & deux minutes apres Midy,j'ay
obfervé que la Lune eftoit au nonantiefme Degré de l'Eclyptique depuis l'Afcendant: dont j'ay trouvé que le lieu d'icelle
eftoit vingt-huict degrés d'Aries:&au iour
precedent à cinq heures & 56. minutes a-
pres Midy, j'avois obfervé le vray lieu d'i-
celle au 13. Degré & vingt minutes dudict Signe. Ie pren donc la difference du
temps des confiderations, & trouve 25.
heures & fix minutes. Confequemment
je pren le mouvement de la Lune entre les

confiderations qui eft (en Souftrayant le Mineur du Majeur) 14. Degrez & 40. Minutes. Puis je reduy le temps en Minutes d'heures. & en vient 1506. Minut. d'heures. Confequemment ie reduy le mouvement de la Lune en minutes de Degrez, puis en fecondes: & en vient 52800. Secõdes, lefquelles je partis par 1506. & en viét pour le Quotient 35. Minu. Autant chemine la Lune en vne heure. Si donc vous le Multipliez par 24. & la fomme partiffez par 60. vous trouverez que le mouvemét que la Lune faict en vn iour, eft 14. Degrez. Parquoy la Lune en fon mouvemét fera appellée Veloce, à caufe que fõ mouvement en vn iour excede treize Degrez & dix minutes, qui eft fon mouvement regulier.

Pour trouver la diverfité de l'Afpect en Longitude & Latitude apparent.

CHAP. VII.

PAR les precedentes ayez le vray lieu de la Planette felon la Longitude du Zodiaque au temps propofé: ce que pouvez auffi en tout temps faire aux Planettes qui ont la diverfité de l'Afpect perceptible : laquelle chofe eft par l'Addition dü mouvement en heures & minutes depuis le lieu au temps de l'obfervation de la Planette au jour precedent, eftant au nonantiefme Degré de l'Eclyptique depuis l'Afcendant. Cela faict, obfervez la hauteur de la Planette fur l'Horizon, confequemmēt l'Azimuth, & faictes vne impofition feinte du lieu apparent, comme enfeigne le quatriefme Chapitre. Puis par le troifiefme Chapitre ayez la Longitude dü lieu apparent de la Planette, enfemble la Latitude apparente d'icelle audict temps propofé. Puis conferez le vray lieu au lieu apparent felon leurs Longitudes, en Souftrayant le Mineur du Majeur, & vous aurez la diverfité de l'Afpect en Longitude.

Exemple, Soit propofé à fçavoir la diverfité de l'Afpect de la Lune en Longitude & Latitude apparente pour le temps de noftre Année 1554. le quatriefme de Decembre à quatre heures apres Midy. Par la precedente, je prens le mouvemēt de la Lune pour le temps qui eft entre l'obfervation du jour precedent & du temps propofé : c'eft à fçavoir pour le tēps de 22. heures & quatre minutes : & je trouve que

le moûvement de la Lune eſt 12. Degrez
52. minutes: lequel j'adiouſte au mouvement de la Lune 13. Degrez & 20. minutes d'Aries, & trouve que le vray lieu de la
Lune eſt à 26. Degrez, & 12, Minutes dudit Aries pour le temps propoſé. Puis
j'obſerve la hauteur de la Lune ſur l'Horizon, & la trouve de 20. Degrez. Conſe-
quemmēt j'obſerve l'Azimuth : & le trouve de 13. Degrez & vn ſixieſme Oriētal &
Meridional. Puis je fais vne impoſition du
lieu apparent de la Lune qui eſt en imaginant vn poinct parmy les Almicantaraths
& Azimuths, tel que l'on a obſervé la hau-
hauteur & l'Azimuth. Ie viens puis apres à
tranſporter le lieu de l'impoſition apparēte de la Lune vers le Meridien : & en cher-
chant la Longitude d'iceluy (comme enſeigne le troiſieſme Chapitre) ie trouve
25. Degrez d'Aries , & environ trois cin-
quieſmes d'vn Degré. Doncques par la
Souſtraction de 25. Degrez & trois cinquieſme de 26. & vn cinquieſme, je trouve la diverſité de l'Aſpect en Longitude,
trois cinquieſme d'vn Degré. Puis ie nō-
bre les Almicantaraths compris entre l'E-
clyptique & le lieu de l'impoſition appa-

rente: & trouve que la Latitude apparente estoit cinq Degrez, & environ cinq sixiesme d'vn Degré vers le Midy.

Pour trouver la Longitude des Citez & Villes autrement que par les Eclypses.

CHAP. VIII.

EN ceste proposition n'y a autre difficulté, fors seulement que deux considerations (en diverses Longitudes de la terre) ayant à observer aux Meridiens le vray lieu de la Lune selon la Longitude du Zodiaque. Laquelle chose se faict par le cinquiesme & sixiesme Chapitres. Dont la Longitude de l'habitation de l'vn estant bien verifiée, la Longitude de l'habitation de l'autre sera cogneuë : & ce par la Soustraction du vray lieu de la Lune (aux Meridiés) le Mineur du Majeur, la difference sera appellée le mouvement de la Lune entre les Meridiens , lequel mouvement entre les Meridiens faut partir par le mouvement de la Lune en vne heure (ce qui se peut colliger par le sixiesme Chapitre) & en viendra la difference de la Longitude des Meridiens en heures & minutes, lesquelles faut reduire en Degrez

grez & minutes de l'Equinoctial : & vous
aurez la difference de la Longitude des
Meridiens en degrez & minutes : laquelle difference par l'Addition ou Souftraction d'iceluy auec la Longitude du Meridien cogneu, aurez la Longitude du
Meridien incogneu : là où faut noter
qu'au lieu où le mouvement de la Lune
a efté plus grand, eftre vers l'Occident au
regard du Meridien d'iceluy, où ledit
mouvement a efté le plus petit. Si donc
ladicte difference du mouvemēt de la Lune entre les Meridiens, ne fe peut partir
par le mouvement de la Lune en vne heure: lors faut Multiplier le mouvement entre les Meridiens par 60. & la fomme partir par le mouvement en vne heure. Prenez garde dōc à la denominatiō du Quotient de la partition pour les reductions
des nombres aux moindres fractions, en
faifant l'operation comme l'on fait és fractions Aftronomiques. Exemple.

Soit propofé que le troifiefme iour de
Decēbre 1554. à 12. heures de jour, quelque obferuateur a trouvé le vray lieu de la
Lune 9. degr. & 26. minutes. d'Aries: & la
queftion eft de fçauoir la Longitude de la

Q

region dudit obſervateur. Ie recours dõc-
ques à mes obſervations faictes, par leſquelles je trouve que ledit jour a 5. heures
& 56. minutes, j'auois obſervé le vray lieu
de la Lune, 13. degr. & 20. minutes d'A-
ries. Puis je rectifie le lieu de la Lune pour
le temps de mon Midy, comme enſeigne
le ſixieſme chapitre: ce qui ce faict en prenant le mouvemenr de la Lune en 5. heures & 56. minutes, & le trouve 3. degrez
27. minutes & 40. ſecondes, que je Souſ-
ſtray de 13. degrez & 20. minutes, qui e-
ſtoit le mouvement de la Lune au temps
de mon obſervation : & trouve que le lieu
de la Lune à douze heures de mon Midy,
eſtoit neuf degrez cinquante trois minutes, & vingt ſecondes d'Aries. Maintenant je Souſtray le mouvement de la Lune neuf degrez & vingt-ſix minutes d'A-
ries, de neuf degrez cinquante trois minutes & vingt ſecondes : Et trouve que le
mouvement de la Lune entre les Meridiens, eſt vingt ſept minutes & vingt ſe-
cõdes d'vn degré : lequel je reduis à moindre fraction, & en vient 1640 ſecondes :
Puis ie partis la ſomme par le mouvement
de la Lune en vne heure, qui eſt trente

cinq minutes : & en vient pour le Quotient quasi quarante sept minutes d'vne heure : que je reduits en degrez de l'Equinoctial (qui est en partant la somme par 4) & en vient vnze degrez & quarante cinq minutes, autant sera la difference de la Longitude entre les Meridiens. Et parce que la Longitude de mon Meridien est cogneuë vingt six degrez , & que le mouvement de la Lune à mon Meridien à esté le plus grand : je conclu que l'observateur estoit plus vers l'Orient. Parquoy j'Adiouste la difference de la Longitude des Meridiens à ma Longitude , & trouve que la Lôgitude du Meridien incogneu est trente deux degrez quarante cinq minutes, parce que l'elevation du Pole du Lieu incogneu , m'a esté fait sçavoir de cinquante deux degrez vingt minutes par l'observateur, sans m'avoir declaré le lieu : Ie côclu qu'il estoit au temps de sa consideration dedans la Ville de Magdebourg en Allemagne, de laquelle la Longitude est trente sept degrez quarante cinq minutes, & la latitude est cinquante deux degrez & vingt minutes.

Pour trouver la distance entre le Lieu de vostre
habitation & quelque autre Region,
desquelles les Longitudes &
Latitudes sont cogneuës.

CHAP. IX.

REgardez premierement que la table
de l'Instrument soit pour l'elevation
du Pole, ou Latitude de vostre Region.
Puis joignez l'Ostenseur auec le Meridien de vostre dicte table, & en nombrant
la Latitude de l'autre Region, proposée
au long dudit Meridien, depuis l'Equinoctial vers le Centre de l'Instrument, ferez
vne marque en l'Ostenseur, au droict de la
fin de vostre supputation. Puis considerez
les Longitudes des deux Regions, & prenez leur difference : laquelle difference
nombrez au Limbe de vostre Instrumét,
depuis la ligne de vostre Meridien : & à la
fin de la supputation joignez l'Ostenseur.
Cela faict, nombrez les Almicantaraths,
compris entre le Zenith & le poinct qui
est marqué en l'Ostenseur : Autant de degrez sera l'Arc itineral. Regardez donc

combien de Lieuës respondent à vn degré. Car si vous Multipliez le nombre des
Lieuës qui respondent à vn degré par le
nombre des degrez de l'Arc itineral vous
aurez la distance par le nombre de semblables Lieuës, entre vostre Region, & la
Region proposée.

Exemple, Soit proposée la Ville de Hambourg en Allemagne de laquelle la Longitude est 34. degrez, & la Latitude est
54. degrez & trente minutes Septentrionales. Ie veux sçavoir la distance d'icelle
par droict chemin de la Ville de Lyon, ou
est mon habitation, dequoy la Latitude
est quarantecinq degrez & vingts minutes Septentrionales, & la Longitude est
vingt six degrez. Ie pose dōc la table pour
l'elevation du Pole à quarantecinq degrez & vingts minutes plus prochaine
dessoubs l'Araigne: & puis j'applique l'O-
stēseur au Meridien en nombrant la Latitude de la Region proposée cinquante
quatre degrez & trente six minutes depuis
l'Equinoctial au lōg dudit Meridien vers
le centre de l'Instrument. Et au droict de
la fin de la supputation ie fais vne marque
en l'Ostēseur, puis je Soustrais la moindre

Q iij

Longitude vingtſix degrez , de la majeur trentequatre degrez , & trouve que leur difference eſt huict degrez, puis je le nombre au Limbe de l'Inſtrument depuis le Meridien , en appliquant l'Oſtenſeur là deſſus, où apres je nombre les Almicantaraths compris entre la marque de l'Oſtenſeur & le point du Zenith : & trouve dix degrez & trente minutes que je multiplie par les Lieuës qui reſpondent à vn degré comme par les lieuës Françoiſes (deſquelles trente reſpondent à vn degré) & trouve 315. Lieuës, autant ſera la diſtance entre la Ville de Lyon en France, & la Ville de Hambourg en Allemagne.

LES
DEMONSTRATIONS
POVR LA PRACTIQVE
ET VSAGE DV GNOMON, OV
de l'Eschelle Altimetre:

ET PREMIEREMENT.

Des Dimensions qui se font par vne seule Station.

PROPOSITION I.

POVR mieux retenir la practique du Gnomon ou l'es-
chelle Altimetre, nous avós
icy mis vne demonstration
qui sert en general pour les
dimensions qui se trouvent par trois termes cogneuz, & desquels le troisiesme
peut estre mesuré, pour auoir le quart, qui
est incogneu : Laquelle chose se faict par
deux Triágles semblables & Orthogones,
desquels l'vn se forme dans le dict Gnomon, & l'autre dehors, d'autant que la
chose à mesurer, soit haute, profonde, lon-

Q iiij

gue, ou large, eſt touſiours equidiſtante
ou parallele à l'vn des coſtez dudiĉt Gnomon. Parquoy la ligne fiduciele ou viſuele
qui les entrecouppe, cauſe les Angles ſem-
blables. Donc par la ſimilitude des Triangles, les coſtez ſont proportionaux. Car
ſi ladiĉte ligne viſuele entrecouppe l'Eſchelle de l'Ombre droiĉte, adoncques la
hauteur de la choſe à meſurer aura telle
proportion à douze, que la diſtance de la
choſe au regard du nombre des poinĉts
de ladiĉte Eſchelle de l'Ombre droiĉte.
Semblablement la profondeur d'vne choſe aura à douze telle proportion, que ſa
largeur au nombre des poinĉts de l'Ombre droiĉte: Comme pouvez voir en ceſte
figure, ou la hauteur d'vne Tour à meſurer eſt A B, & voſtre Station au poinĉt

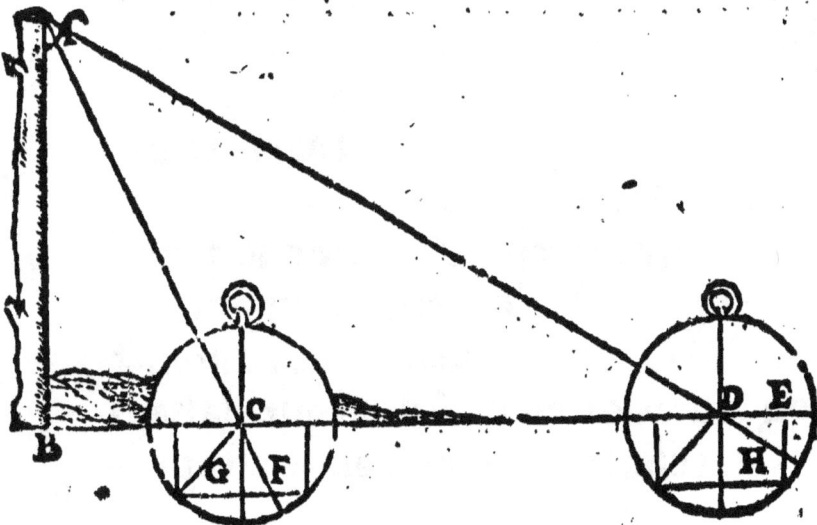

c, ou la ligne fiduciele entrecouppe l'Efchelle de l'Ombre droicte, au poinct F.
Maintenant la ligne de la Station GC, eft
parallele à AB:mais pource que la ligne vi-
fuele F C A, les entrecouppe au poincts C,&
A, l'Angle C,du Triangle F CG, fera egal à
l'Angle,A, du Triâgle C A B,par la feconde
partie de la vingtneufiefme propofition
du premier liure d'Euclide, par laquelle
aufsi l'Angle F,du Triangle C F G:eft egal à
l'Angle C, du Triangle A C B. Parquóy les
deux Triangles Orthogones F GC, &
C BA : font equiangles. Dont les coftez
qui regardent femblables Angles font
proportionaux, ainfi que demonftre Euclide en la quatriefme propofition de fon
fixiefme liure. La proportion donèques
de FG à GC, eft comme de F B, à BA: de ces
quatre les trois font donnez, c'eft à fçauoir F G, & GC, qui font du Gnomon : &
C B, pour l'avoir mefuré:dont par la reigle
de proportion le quart B A, fera cogneu.
Semblablement faut entendre que quand
ladicte ligne fiduciele entrecouppe, lef-
chelle de l'Ombre verfe,comme au poinct
H, ou la Station eft D. Adoncques la hauteur de la chofe à mefurer, aura telle pro-

portion au nombre des poincts de l'Ombre verse, que la diftance au regard de douze: & la profondité au regard defdicts poincts de l'Ombre droicte fera ce que la largeur eft au regard de 12. car par la premiere partie de la 29. propofition fufnómée l'Angle H, du Triãgle E H D, eft egal à l'Angle A, du triangle D A B. Et les Angles contrepofites au poinct D, font egaux par la quinziefme du premier: dont les 2. triãgles Orthogones feront femblables, & pource les coftez feront proportionnaux: parquoy comme deffus, on a trois termes cogneuz, c'eft à fçauoir D E. E H. & D B. parquoy on aura le quart cogneu, qui eft A B.

Des Dimenfions qui fe font par deux Stations.

Proposition II.

OR fi la chofe à mefurer eft inacceffible alors le 3. & 4. terme feront incongneuz, parquoy il convient operer autrement que deffus, dót la demonftration s'enfuit: Soit A B, la hauteur de la Tour, de laquelle on ne peut approcher, & foit

premierement que la ligne fiduciele aux
Stations c & D, entrecouppent l'Eschelle
de l'Ombre verse, au poincts F & H, donc
les deux Triangles F D E & A D B, pour leurs
similitudes, ce faict que F E, est contenu
tant de fois en E D, que A B, en B D, parquoy
E D, (qui en l'Instrument est 12. poincts)
estant party par F E, en vient vn nombre,
demonstrant quantesfois A B, est en B D.

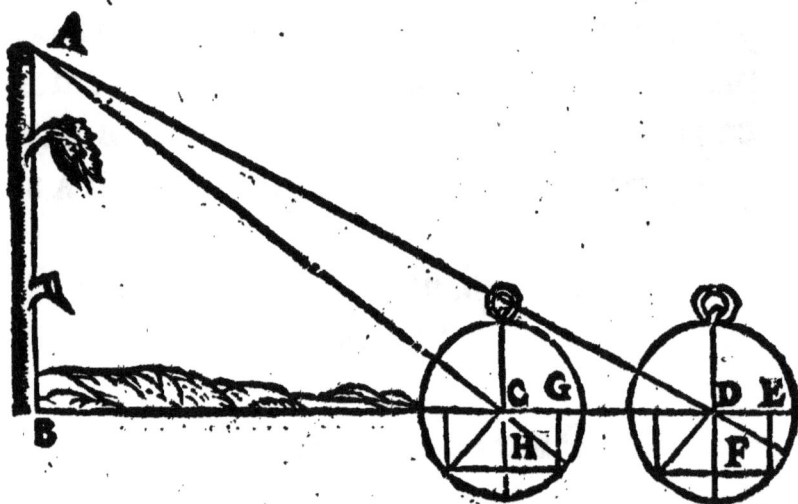

Semblablement pour la similitude des
Triangles H C G & A C B. ce faict que G H, est
contenu tant de fois en G C, que A B, en B C:
doncques le nombre demonstrant le
Quotient que A B, est en B C, sera cogneu:
parquoy le Quotient de A B, en C D, sera co-

gneu. Doncques C D, eſtant party par iceluy nombre Quotient en vient, AB, à quoy
faut Adjouſter ta hauteur pour avoir la
hauteur deſirée. Mais s'il advient aux deux
Sations que la ligne fiduciele entrecoupe
l'Eſchelle de l'Ombre droicte, cóme aux

poincts M, & L, l'operation ſera autre qu'elle n'a eſté deſſus: car il faut Multiplier la diſtance entre les deux Stations par douze,

& partir la somme par la difference des
poincts & en viendra la hauteur deman-
dée , de laquelle chose voyez la demonstration.

Pour la similitude des Triangles MCP,
& CAB, la proportion de MP, à CB, est comme de PC, à AB, semblablement la proportion de LP, à DB, est comme PD, à AB,
& pource que la proportion de BC, à BA,
est semblable à la proportion de DP, à BA,
donc s'ensuit que la proportion de MP, à
CB, est comme LP, à DB. Parquoy par la
19 proposition du cinquiesme liure d'Eu-
clyde le residu LM, au residu DC, est comme le total LP, au total DB: mais LP, à DB,
est comme PD, à BA: parquoy doncques
LM, à DC, est comme PD, à BA, de ces
quatre les trois LM, DC, & PD, sôt cogneuz,
parquoy le quart BA, que nous deman-
dons sera cogneu.

Nous pouvons encore plus facilement
avoir la hauteur d'vne chose de laquelle
on ne peut approcher, & ce, pourveu que
l'on puisse faire deux Stations, desquelles
en l'vne la ligne fiduciele soit avec la ligne
de l'Ombre du milieu, & l'autre à la volonté, car lors faut Multiplier la distance des

Stations par le nombre des poincts, & partir la somme par la difference que lesdits
poincts ont à douze, & en viendra la hauteur de la chose, laquelle sera tousiours
egale à la distance de vostre premiere Station.

Exemple, comme si la difference des
Stations CD, estoit dix pas & la ligne fiduciele entrecouppant l'Eschelle de l'Ombre verse au poincts F. 8. poincts Multiplions doncques C D, dix pas par GF, huict
poincts, & en viendra octante: lesquels

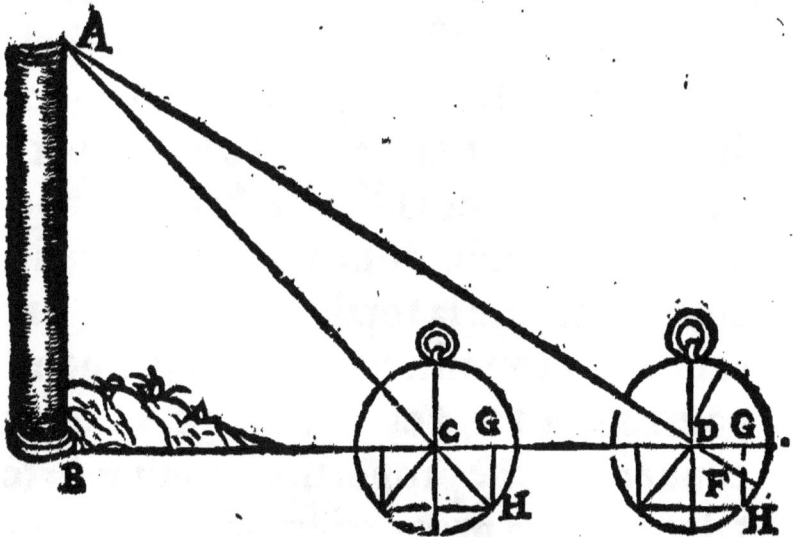

estans partis par F H, quatre poincts, en
viendra vingt, autant de pas contient A B,
qui est la hauteur, ou BC, qui est la distance
de la premiere Station. La demonstra-

tion. Pour la similitude des Triangles, la proportion de C G, à GH, est comme C B , à B A, & pource que C G, est egal à GH , donc conclurons C B, estre egal à A B. Semblablement la proportion de DG, à GF, est côme de D B, à B A, maintenant par la seisiesme proposition du sixiesme d'Euclide, ce qui est de C G, en A B, est egal à ce qui est de G H, en C B, semblablement ce qui est de DG, en A B , sera egal à ce qui est de GF, en DB, mais pource qu'en vne-chacune desdites similitudes le premier & le quart sont tousiours mesmes & egaux , il s'ensuit doncques que ce qui est de G F, en D B, est egal à ce qui est de GH, en C B, parquoy la proportion de G F, à G H, est comme C B, à DB, par la seconde partie de ladicte seisiesme proposition. Le residu doncques F H , au residu CD, sera comme la totale GH, à la totale BD, par la 19. proposition du cinquiesme : & pource que F H, à CD, & GF, à BC, sont chacune en mesme proportion, comme le total au total, la proportion dôcques de F H, à CD, sera comme GF, à BC, de ces quatre les trois sont cogneuz, dont le quart C B , qui est egal à A B, sera cogneu.

FIN.

www.ingramcontent.com/pod-product-compliance
Lightning Source LLC
Chambersburg PA
CBHW070304200326
41518CB00010B/1888